**人工智能与大数据系列**

U0127895

# 从0到1
# TensorFlow编程

周　倩　冯高峰　贾连芹　编著◎

電子工業出版社·

**Publishing House of Electronics Industry**

北京·BEIJING

## 内 容 简 介

TensorFlow 是谷歌大脑小组（隶属于谷歌机器智能研究机构）研发的数据流图，是用于数值计算的开源软件库，主要应用于人工智能领域。基于 TensorFlow 灵活的架构，用户可以在多种平台上展开数值计算。

本书从 TensorFlow 环境搭建入手，逐步介绍如何用 TensorFlow 进行线性回归模型、卷积神经网络的搭建、训练和预测，涉及 PC、Android 移动终端、树莓派等平台。

未经许可，不得以任何方式复制或抄袭本书之部分或全部内容。

版权所有，侵权必究。

**图书在版编目（CIP）数据**

从 0 到 1TensorFlow 编程手记 / 周倩，冯高峰，贾连芹编著. —北京：电子工业出版社，2021.1
（人工智能与大数据系列）

ISBN 978-7-121-40450-4

Ⅰ. ①从… Ⅱ. ①周… ②冯… ③贾… Ⅲ. ①人工智能—算法 Ⅳ. ①TP18

中国版本图书馆 CIP 数据核字（2021）第 007940 号

责任编辑：刘志红　　特约编辑：王　纲
印　　刷：天津千鹤文化传播有限公司
装　　订：天津千鹤文化传播有限公司
出版发行：电子工业出版社
　　　　　北京市海淀区万寿路 173 信箱　邮编　100036
开　　本：787×980　1/16　印张：13.5　字数：345 千字
版　　次：2021 年 1 月第 1 版
印　　次：2021 年 1 月第 1 次印刷
定　　价：79.00 元

凡所购买电子工业出版社图书有缺损问题，请向购买书店调换。若书店售缺，请与本社发行部联系，联系及邮购电话：（010）88254888，88258888。
质量投诉请发邮件至 zlts@phei.com.cn，盗版侵权举报请发邮件至 dbqq@phei.com.cn。
本书咨询联系方式：（010）88254479，lzhmails@phei.com.cn。

# 前 言 《《《

PREFACE

人工智能（Artificial Intelligence，AI）最早出现在 20 世纪 50 年代，以感知机（第一代神经网络）、专家系统为典型代表。1980—2005 年是第二代神经网络的发展时期和统计学习方法的"春天"。深度学习出现于 2006 年，并于 2012 年迎来了爆发期。2012年，Hinton 课题组为了证明深度学习的潜力，首次参加了 ImageNet 图像识别比赛，并凭借自己构建的卷积神经网络（CNN）AlexNet 一举夺得冠军，该方法在性能上碾压排在第二名的 SVM 方法。也正是由于这次比赛，CNN 引起了众多研究者的注意。CNN可以代替人工提取特征，用于图像分类识别。

深度学习火热发展的重要原因之一就是，人们把提取特征的工作交给了人工神经网络，让"人工智能"更多地代替人工。软件算法的突破伴随着硬件升级，两者共同推动人工智能在各个领域的渗透，形成各种"AI+"领域应用，如 AI+家居、AI+零售、AI+交通、AI+诊疗、AI+教育、AI+物流、AI+安防等。

如今，以人工智能为代表的第四次工业革命已经到来，相关的创新应用为人们的工作和生活带来了巨大的便利。与此同时，人工智能应用程序的开发门槛大大降低。谷歌推出的 TensorFlow 是目前主流的深度学习框架，本书以 TensorFlow 为切入点，介绍人工智能的基本思想和编程实现。基于 TensorFlow 灵活的架构，用户可以在多种平台上展开相关计算。从名称即可看出 TensorFlow 的基本原理：Tensor（张量）代表数组，图像、语音等数据都能用张量的形式表示；Flow（流）代表基于数据流图的计算。TensorFlow 的工作过程就是将图像、语音等以张量的形式传输至人工神经网络中进行分析和处理的过程。

    本书由周倩负责第 1、4、5 章的编写，冯高峰负责第 2、3、6 章的编写，贾连芹负责第 7、8 章的编写。图书从 TensorFlow 环境搭建入手，逐步介绍如何用 TensorFlow 进行线性回归模型、卷积神经网络的搭建、训练和预测，涉及 PC、Android 移动终端、树莓派等平台。本书内容由浅入深，旨在揭开 TensorFlow 神秘的面纱，探索人工智能的奥秘。

编　者

# 目　录 <<<<

CONTENTS

## 第1章　初识 TensorFlow

## 第 2 章 深入了解 TensorFlow

## 第 3 章 机器学习入门

# 第 4 章　深度学习之图像分类

# 第5章 TensorFlow Lite

# 第 6 章　TensorFlow 的树莓派应用

# 第 7 章　Keras 案例

# 第8章 TensorFlow.js

# 第①章

# 初识 TensorFlow

# 1.1 场景导入

　　小晴一早来到公园跑步，一簇簇团状的小花静静地在路边绽放，吸引了她的注意力。小晴停下脚步，好奇地拿起手机拍下花朵，并用浏览器识别花朵的照片，几秒钟后，浏览器中显示出识别结果。原来这是绣球花，又名紫阳花、无尽夏（图 1-1）。小晴想起附近有个花卉市场，便打开手机地图，用语音输入目的地，然后按照导航提示，乘坐公园旁边的无人公交车前往花卉市场。小晴满意地找到了一样的粉色绣球花，又挑选了紫色、蓝色绣球花，用支付宝刷脸支付后，满载而归。

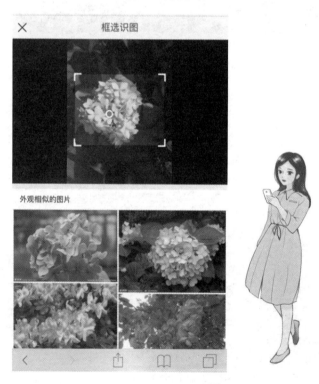

图 1-1　用手机识别绣球花

在这个案例中，无论是手机识图、无人公交车，还是刷脸支付，都离不开人工智能。如今，随着深度学习关键技术的突破，人工智能已经融入人们的生活中（图 1-2），用"随风潜入夜，润物细无声"来形容也不为过。

图 1-2　2019 年 1 月推出的济南首辆无人驾驶公交车

# 1.2　人工智能的发展历程

人工智能大体经历了三个发展阶段，如图 1-3 所示。

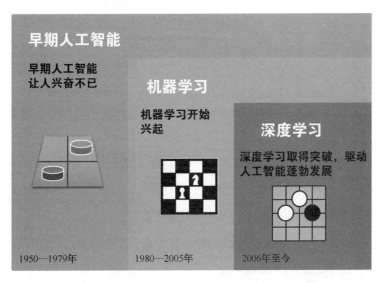

图 1-3　人工智能的发展阶段

### ⊙ 1.2.1 早期人工智能阶段

这是人工智能发展的第一个阶段，以感知机（第一代神经网络）、专家系统为典型代表。

1950 年，图灵提出了"图灵测试"，用于判断机器是否具有智能。

1952 年，阿瑟·萨缪尔（Arthur Samuel，1901—1990）研制出了一个西洋跳棋程序。这个程序具有自学习能力，可通过对大量棋局的分析，逐渐学会辨识当前局面下的"好棋"和"坏棋"，从而不断提高自身弈棋水平。这个程序很快就下赢了萨缪尔自己。不久之后，萨缪尔在他的论文中提出了"Machine Learning"（机器学习）一词。1956 年，萨缪尔应约翰·麦卡锡（John McCarthy，人工智能之父，1971 年图灵奖得主）之邀，在标志着人工智能学科诞生的达特茅斯会议上介绍了机器学习的相关研究工作。

1957 年，罗森·布拉特设计出了第一个计算机神经网络——感知机（Perceptron），它可以模拟人脑的工作方式。这为随后其他科学家发明线性分类器和最邻近法奠定了基础。

1969 年，美国数学家及人工智能先驱明斯基（Minsky）在其著作中证明了感知机本质上是一种线性模型，只能处理线性分类问题，就连最简单的 XOR（异或）问题都无法正确分类。这等于直接宣判了感知机的"死刑"。自此，对神经网络的研究陷入了近 20 年的"寒冬"，直到 1980 年才复苏。

### ⊙ 1.2.2 机器学习阶段

1980—2005 年是第二代神经网络的发展时期和统计学习方法的"春天"。在这一阶段，具有代表意义的新闻事件是 1997 年 IBM 超级计算机"深蓝"击败人类国际象棋冠军卡斯帕罗夫。这一阶段的典型应用是基于统计学贝叶斯算法的垃圾邮件分类。

机器学习源于 Geoffrey Hinton，其在 1986 年发明了适用于多层感知机（MLP）的 BP 算法，并采用 Sigmoid 进行非线性映射，有效解决了非线性分类和学习的问题。该方法引起了神经网络的第二次热潮。

机器学习是计算机根据已有的数据（经验）得出某种模型（规律），并利用此模型预测未来（会出现哪种结果）的一种方法。

在机器学习流行的初期，人们通常根据一些领域知识或者经验来提取合适的特征（Feature）。例如，与泰坦尼克号乘客逃生成功率相关的特征包括性别、年龄、家庭成员、舱位级别等。又如，对简单图片进行分类时，可以利用轮廓、不变矩、外接矩形等一系列特征。特征提取的好坏往往决定了机器学习算法的成败。

而对于语音或者复杂图像来说，往往很难描述怎样提取特征。例如，识别图 1-4 中的动物是不是猫，人们通常认为猫体型较小，毛茸茸的，有一个圆脑袋、一对耳朵、四只爪子，还有一条长长的尾巴。用传统的机器学习方法对猫的图片进行特征提取面临很多困难，如区分不同的部位、提取边缘轮廓等。

图 1-4　猫的图片

可是人类只要多看几张猫的图片，就能知道什么是猫，并能说出猫有什么特征。人类似乎能自动"学习"特征。

于是，科学家们开始想办法让人工神经网络具备学习特征的能力，把人们从特征提取的桎梏中解脱出来。由此，人工智能进入了下一个发展阶段。

### ⊛ 1.2.3　深度学习阶段

深度学习出现于 2006 年，并于 2012 年迎来了爆发期。在这一阶段，具有代表意义的新闻事件是 2016 年 3 月，谷歌旗下的围棋人工智能程序 AlphaGo 以总比分 4：1 战胜了韩国著名围棋棋手李世石；2017 年 5 月，AlphaGo 以总比分 3∶0 战胜了中国著名围棋棋手柯洁。

2006 年，Hinton 提出了深层网络训练中梯度消失问题的解决方案。

2012 年，Hinton 课题组为了证明深度学习的潜力，首次参加了 ImageNet 图像识别比赛，并凭借自己构建的卷积神经网络（CNN）AlexNet 一举夺得冠军，该方法在性能上碾压排在第二名的 SVM 方法。也正是由于这次比赛，CNN 引起了众多研究者的注意。CNN 可以代替人工提取特征，用于动物图像分类识别。

与此相似，在语音识别领域，长短记忆（LSTM）神经网络也可以代替人工完成很多工作。

深度学习火热发展的重要原因之一就是，人们把提取特征的工作交给了人工神经网络。

在机器学习阶段，人们需要利用各种经验或算法提取特征，然后调整一些参数，目的是防止过拟合。而在深度学习阶段，除了实现 CNN 或者 LSTM 神经网络，人们似乎什么也不用干。也就是说，人们可以把特征提取这样的麻烦事交给 CNN 或者 LSTM 神经网络去做。因此，人们需要一个机器学习框架来实现 CNN 等人工神经网络，完成人工智能应用开发。

# 1.3 TensorFlow 简介

程序员可以使用什么框架来开发人工智能应用呢？答案是 TensorFlow，它是谷歌大脑小组（隶属于谷歌机器智能研究机构）研发的数据流图（Data Flow Graphs），是用于数值计算的开源软件库。基于 TensorFlow 灵活的架构，用户可以在多种平台上展开相关计算。TensorFlow 中文社区中是这样介绍的：TensorFlow 是一个用于人工智能的开源神器。

从名称即可看出 TensorFlow 的基本原理：Tensor（张量）代表数组，图像、语音等数据都能用张量的形式表示；Flow（流）代表基于数据流图的计算。TensorFlow 工作原理如图 1-5 所示。TensorFlow 的工作过程就是将图像、语音等以张量的形式传输至人工神经网络进行分析和处理的过程。

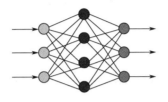

图 1-5 TensorFlow 工作原理

# 1.4 Anaconda 的安装和使用

人工智能几乎可以用所有编程语言实现，其中 Python 是最适合的编程语言之一。Python 简单易用，并且拥有众多非常优秀的库，可以方便地完成科学计算、数据可视化。主流机器学习框架 TensorFlow 就采用 Python 作为编程语言。

要方便地使用 TensorFlow 和 Python，需要安装 Anaconda 和 PyCharm。有些读者可能会疑惑，其他编程语言只需要安装一个集成开发环境，如安卓开发用 Android Studio，为什么这里需要安装两个软件？其实这里只有 PyCharm 是集成开发环境，而 Anaconda 是一款环境管理软件，它像一个贴心的"管家"，能帮助用户管理和切换不同的 Python 版本。

## ⊙ 1.4.1 安装 Anaconda

Anaconda 是一款用于科学计算的软件，内置了很多工具并做了优化，支持 Linux、Mac、Windows 系统，提供了包管理与环境管理功能，可以很方便地解决多版本 Python 并存、切换及各种第三方包安装问题。Anaconda 的图标如图 1-6 所示。

图 1-6　Anaconda 的图标

　　浏览网址 https://www.anaconda.com/distribution/，在下载页面中找到图 1-7 所示的选项。编者使用的是 Windows 系统，所以选择下载 Windows 版本。因为 Python 2.7 已于 2020 年 1 月 1 日正式停用，而且现在的计算机大多是 64 位的，所以这里选择"Python 3.7 version"下面的"64-Bit Graphical Installer"下载即可。

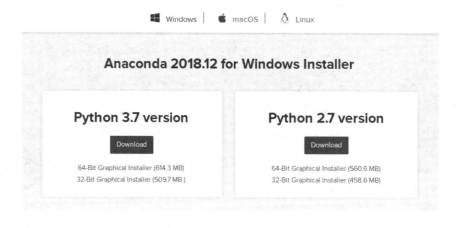

图 1-7　Anaconda 下载选项

　　下载完成后，双击安装程序，进入图 1-8 所示的界面，单击"Next"按钮，进入图 1-9 所示的界面，单击"I Agree"按钮，进入图 1-10 所示的界面。

　　在图 1-10 所示的界面中，如果读者的计算机系统只有一个用户，则选择默认的"Just Me(recommended)"选项即可；如果有多个用户，并且都要使用 Anaconda，则应选择"All Users(requires admin privileges)"选项。设置好后，单击"Next"按钮，进入图 1-11 所示的界面。

图 1-8　安装欢迎界面

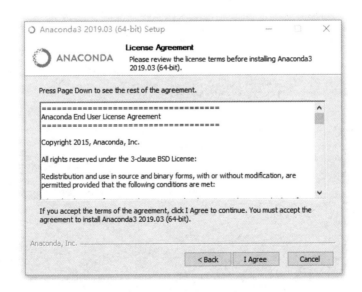

图 1-9　"License Agreement"界面

在图 1-11 所示的界面中，可以单击"Browse"按钮选择安装路径，也可以选择默认路径。这里建议选择默认路径，注意留出足够的硬盘空间。

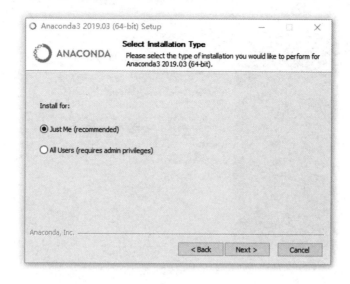

图 1-10    "Select Installation Type" 界面

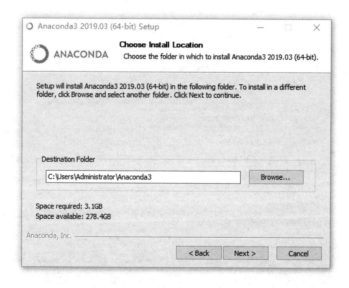

图 1-11    "Choose Install Location" 界面

在图 1-11 所示的界面中单击"Next"按钮，进入图 1-12 所示的"Advanced Installation Options"界面，勾选如下两个选项：

● "Add Anaconda to my PATH environment variable"。

● "Register Anaconda as my default Python 3.7"。

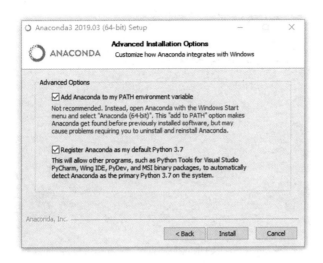

图 1-12 "Advanced Installation Options"界面

第一个选项的含义是将 Anaconda 的安装路径加入环境变量 PATH 中，第二个选项的含义是默认使用 Anaconda 的 Python 3.7 版本。单击"Install"按钮开始安装。安装进度界面如图 1-13 所示。安装完成后，在图 1-14 所示的界面中单击"Next"按钮。

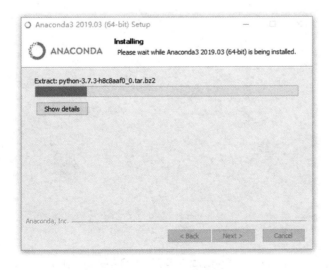

图 1-13　安装进度界面

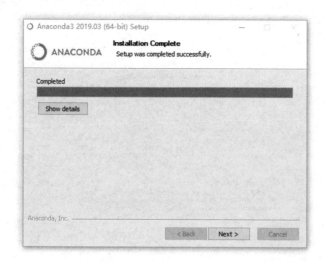

图 1-14　"Installation Complete"界面

进入图 1-15 所示的界面，其中提示 Anaconda 和 JetBrains 是协同工作的，可以在 PyCharm 集成开发环境中为用户提供紧密融合的 Anaconda 环境，并且给出了 PyCharm 的相关网址。这里单击"Next"按钮，进入图 1-16 所示的界面。

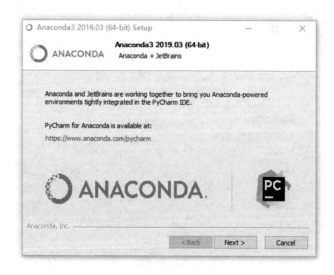

图 1-15　"Anaconda3 2019.03(64-bit)"界面

在图 1-16 所示的界面中，如无需要，可取消选中如下两个选项，然后单击"Finish"
按钮，结束安装。

- "Learn more about Anaconda Cloud"。
- "Learn how to get started with Anaconda"。

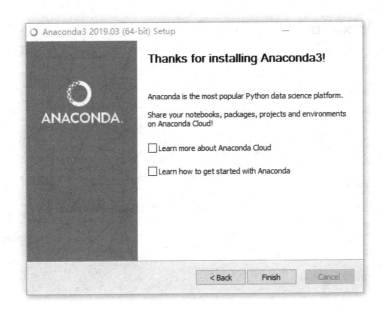

图 1-16　安装结束界面

## 1.4.2　使用 Anaconda

Anaconda 安装完成后，在 Windows 系统的"开始"菜单中找到图 1-17 所示的
"Anaconda3(64-bit)"文件夹，查看其中所包含的内容。

下面介绍验证 Anaconda 是否安装成功的方法。

单击"Anaconda Prompt"打开命令行窗口，或者在 Windows 命令行窗口中输入
"conda --version"，查看版本信息。如果显示图 1-18 所示的版本信息，则说明 Anaconda
安装成功。

图 1-17    "Anaconda3(64-bit)" 文件夹

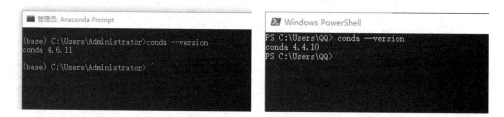

图 1-18    Anaconda 版本信息

单击图 1-17 中的 "Anaconda Navigator", 启动 Anaconda, 进入图 1-19 所示的主界面。

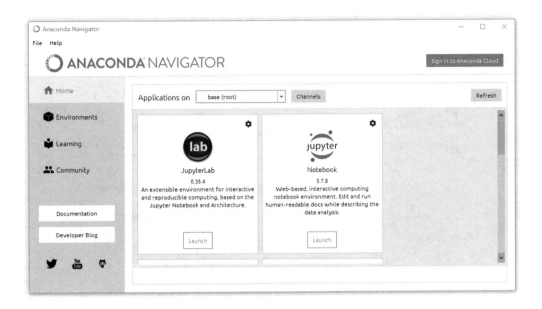

图 1-19　Anaconda Navigator 主界面

# 1.5 在 Windows 10 系统中安装 PyCharm

PyCharm 是一款高效的 Python 集成开发环境,由捷克知名软件公司 JetBrains 出品,该公司旗下有很多知名的集成开发环境产品。下面介绍如何下载和安装 PyCharm。

进入 JetBrains 官网,找到 Pycharm 下载页面(图 1-20)。在下载页面中单击"Community"版本的"DOWNLOAD"按钮,下载安装程序。

下载完成后,双击安装程序,进入安装欢迎界面(图 1-21),单击"Next"按钮进入图 1-22 所示的界面。注意:在安装前最好关掉其他程序,以便在不重启计算机的情况下更新重要系统文件。

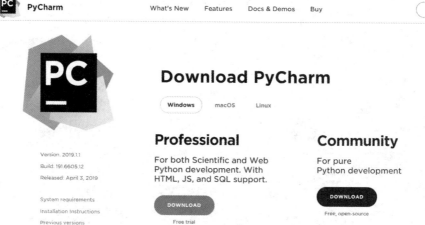

图 1-20　PyCharm 下载页面

图 1-21　安装欢迎界面

在图 1-22 中，用户可以单击"Browse"按钮选择合适的安装路径，或者保持默认安装路径。需要注意的是，安装路径应为全英文，并且要预留足够的硬盘空间。

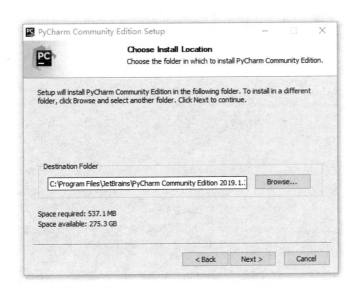

图 1-22　"Choose Install Location"界面

继续单击"Next"按钮，进入图 1-23 所示的界面。在该界面中，用户可根据计算机的硬件情况和个人偏好进行设置。该界面中各选项的含义如下。

（1）"Create Desktop Shortcut"→"64-bit launcher"，创建桌面快捷方式，64 位启动。

（2）"Update context menu"→"Add'Open Folder as Project'"，以项目的形式打开文件夹。

（3）"Create Associations"→".py"，创建 Python 程序关联。

（4）"Update PATH variable (restart needed)"→"Add launchers dir to the PATH"，添加启动路径到 PATH 环境变量中。

这里按照图 1-24 进行设置，然后单击"Next"按钮，进入图 1-25 所示的界面。

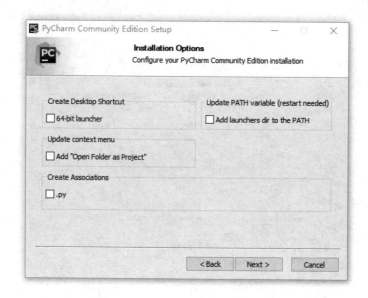

图 1-23　"Installation Options"界面

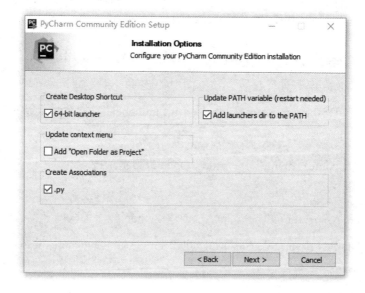

图 1-24　设置相关选项

在图 1-25 所示的界面中选择"开始"菜单文件夹存放 PyCharm 快捷方式，保持默认即可。单击"Install"按钮，进入图 1-26 所示的安装进度界面。

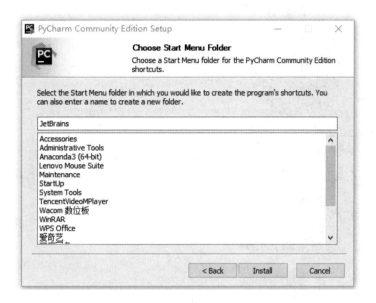

图 1-25 "Choose Start Menu Folder"界面

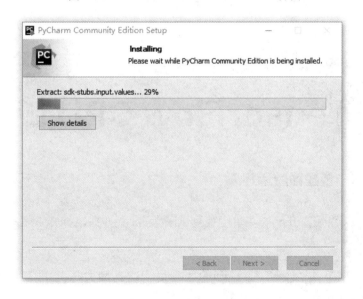

图 1-26 安装进度界面

安装完成后，进入图 1-27 所示的界面，可以选择"Reboot now"（马上重启），或者"I want to manually reboot later"（稍后手动重启）。单击"Finish"按钮，结束安装。

图 1-27　结束安装

# 1.6　在 Windows 系统中安装 TensorFlow CPU 版

### ⟩ 1.6.1　创建和激活环境

在 Windows 系统"开始"菜单中找到 Anaconda 文件夹，打开 Anaconda Navigator（图 1-28）。

在打开的主界面左侧单击"Environments"，右侧会列出已有的环境，其中"base(root)"是默认环境（图 1-29）。可以在已有的环境中选择一个，或者单击下方的

"Create"按钮新建一个环境。

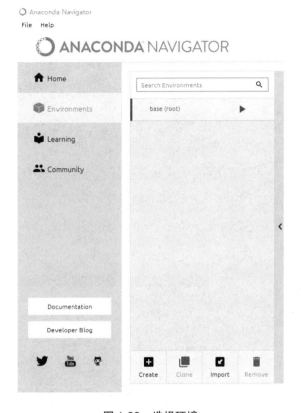

图 1-28　Anaconda 文件夹　　　　　　　　　图 1-29　选择环境

　　如果单击"Create"按钮新建环境，则会弹出图 1-30 所示的新建环境对话框。在"Name"文本框中输入环境名称，如"TensorFlow"，名称应反映环境的主要功能，并且便于记忆。"Location"显示新建的环境在 Anaconda 安装目录下的 envs 文件夹中，以后所有新建的环境都会放在这里，且不可更改。在"Packages"中选择 Python 3.7 版本。设置好后，单击"Create"按钮创建环境。

　　需要注意的是环境名称不区分大小写，当重名时，"Create"按钮是灰色的，即不允许单击。

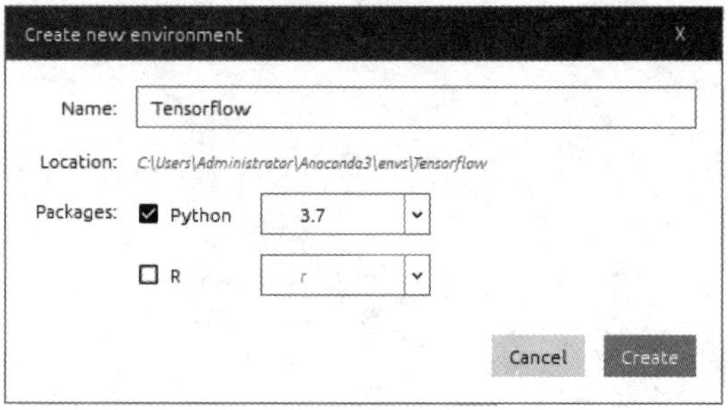

图 1-30　新建环境对话框

回到主界面，选中新建的环境或者已有的环境后，稍等几秒，该环境即被激活。如图 1-31 所示，单击环境名称右侧的按钮，选择"Open Terminal"，打开命令行窗口。在命令行窗口中输入命令"pip install tensorflow"，将自动连接并安装 TensorFlow CPU 版（图 1-32）。

图 1-31　选择打开命令行窗口

```
(Tensorflow) C:\Users\Administrator>pip install tensorflow
Collecting tensorflow
  Downloading https://files.pythonhosted.org/packages/f7/08/25e47a53692c2e0dcd22
/tensorflow-1.14.0-cp37-cp37m-win_amd64.whl (68.3MB)
    16% |███████                         | 11.6MB 30kB/s eta 0:30:50
```

图 1-32　输入命令安装 TensorFlow CPU 版

### 1.6.2　解决错误

（1）错误提示：

> You should consider upgrading via the 'python - m pip install - upgrade pip' command

将上述提示信息中的命令复制下来，并粘贴在命令行窗口中，然后回车运行，更新 pip，如图 1-33 所示。

图 1-33　更新 pip

（2）错误提示：

> Command "python setup.py egg_info" failed with error code 1

解决办法是利用下面的命令更新 setuptools 和 pip 工具：

```
pip install --upgrade setuptools
python -m pip install --upgrade pip
```

（3）错误提示：

```
tensorboard 1.14.0 has requirement setuptools>=41.0.0, but you'll have
setuptools 40.8.0 which is incompatible
```

解决办法是在命令行窗口输入如下命令，重新安装 TensorBoard：

```
pip install tensorflow-tensorboard
```

# 1.7 在 PyCharm 中使用 Anaconda 的环境

## 1.7.1 新建和配置项目

打开 Python 的集成开发环境 PyCharm，选择"File"→"New Project"菜单命令，新建项目（图 1-34）。

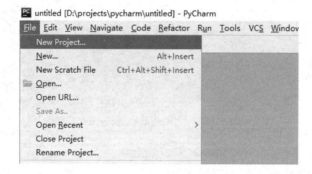

图 1-34 新建项目

单击图 1-35 中"Location"右侧的浏览按钮，在弹出的对话框中单击新建文件夹按钮，新建名为 demo 的文件夹，然后单击"OK"按钮，即完成项目保存路径的选择（图 1-36）。

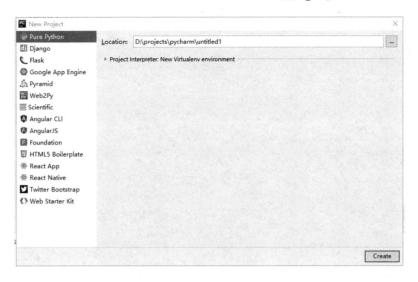

图 1-35　新建项目选项

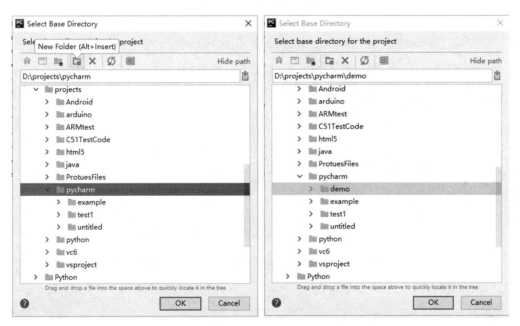

图 1-36　选择项目保存路径

接下来回到图 1-35 所示的对话框，单击"Project Interpreter:New Virtualenv environment"前面的三角形按钮，展开选项，如图 1-37 所示。

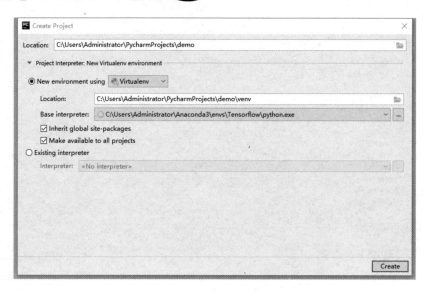

图 1-37　新建项目详细选项

其中，"Location"表示环境存放在 demo 项目的 venv 文件夹下。

"Base interpreter"为基础解释器，这里选择 Anaconda 安装目录中 envs 文件夹下已有环境 TensorFlow 中的 python.exe。

注意：一定要勾选下面两个选项。

● "Inherit global site-packages"（继承全局站点包，如果不选此项，则 TensorFlow 和 OpenCV 需要单独安装）。

● "Make available to all projects"（当前新建环境可用于所有项目，下次新建项目时，可以在"Existing interpreter"中选择该环境）。

单击"Create"按钮创建项目，在弹出的对话框中选择"New Window"，即在新窗口中打开项目（图 1-38）。打开新建项目后，PyCharm 界面左侧会显示该项目的目录结构（图 1-39）。

图 1-38　在新窗口中打开项目

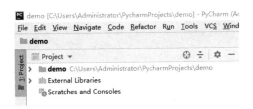

图 1-39  显示项目的目录结构

## ⊙ 1.7.2  再次查看项目配置

在 PyCharm 菜单栏中选择"File"→"Settings"命令，打开设置对话框（图 1-40）。单击左侧"Project: demo"下面的"Project Interpreter"，右侧将显示环境中各个包的当前版本和最新版本。

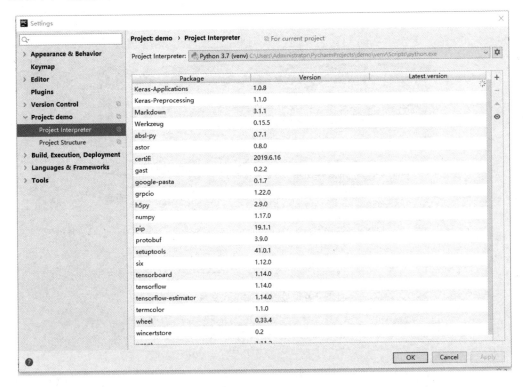

图 1-40  设置对话框

### 1.7.3 运行案例代码

在 PyCharm 界面中右击项目名称，在弹出的快捷菜单中选择"New"→"Python File"命令，新建 Python 文件，并将文件命名为"demo"（图 1-41）。在 Python 文件中输入如下代码。

```python
import tensorflow as tf
#指定2阶张量（矩阵）
s_2 = [[2, 3], [2, 3]]
shape = tf.shape(s_2, name="shape")
print(shape)
```

在代码编辑区右击并选择运行命令，之后可以在下方控制台中看到代码运行结果（图 1-42）。

注意，如果 Python 文件中第一行代码处有红色波浪线出现，说明没有可用的 TensorFlow 包，这表示之前的安装和配置有问题，应按照安装步骤重新安装。

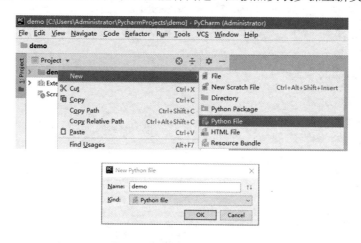

图 1-41　新建 Python 文件

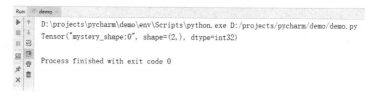

图 1-42　代码运行结果

# 1.8 在 Windows 系统中安装 Python 版 OpenCV

OpenCV（图 1-43）于 1999 年由 Intel 建立。它是一个开源跨平台计算机视觉库，可以运行在 Linux、Windows、Android 和 Mac OS 操作系统上。它提供了 C++、Python、Java 和 Matlab 接口，可实现图像处理和计算机视觉方面的很多通用算法。OpenCV 常用于获取视频帧并对图像进行预处理。

图 1-43 OpenCV 的图标

### ➤ 1.8.1 激活环境并安装 OpenCV

如图 1-44 所示，打开 Anaconda Navigator，单击左侧的"Environments"，在右侧列出的已有环境中选择一个，或者单击下方的"Create"按钮，新建一个环境。选中一个环境后，稍等几秒，该环境即被激活。单击环境名称右侧的按钮，选择"Open Terminal"，打开命令行窗口。

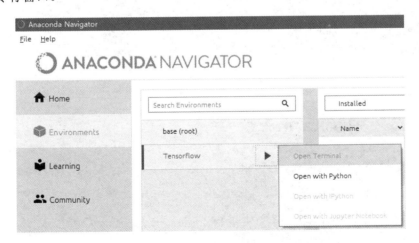

图 1-44 选择环境并打开命令行窗口

在命令行窗口中输入"pip install opencv-python"，将自动连接并安装 OpenCV （图 1-45）。安装成功后，将显示图 1-46 所示的信息。

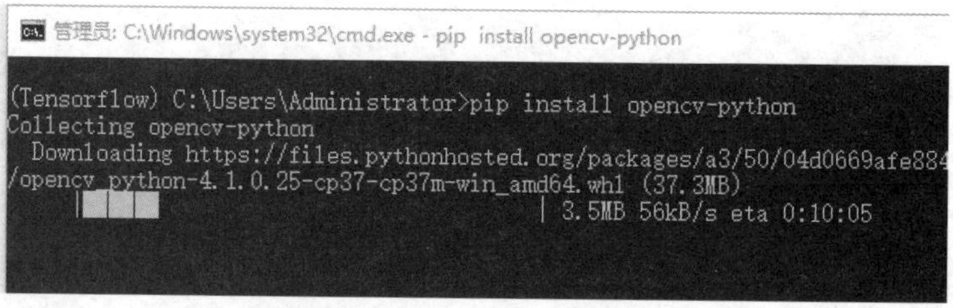

图 1-45　安装 OpenCV

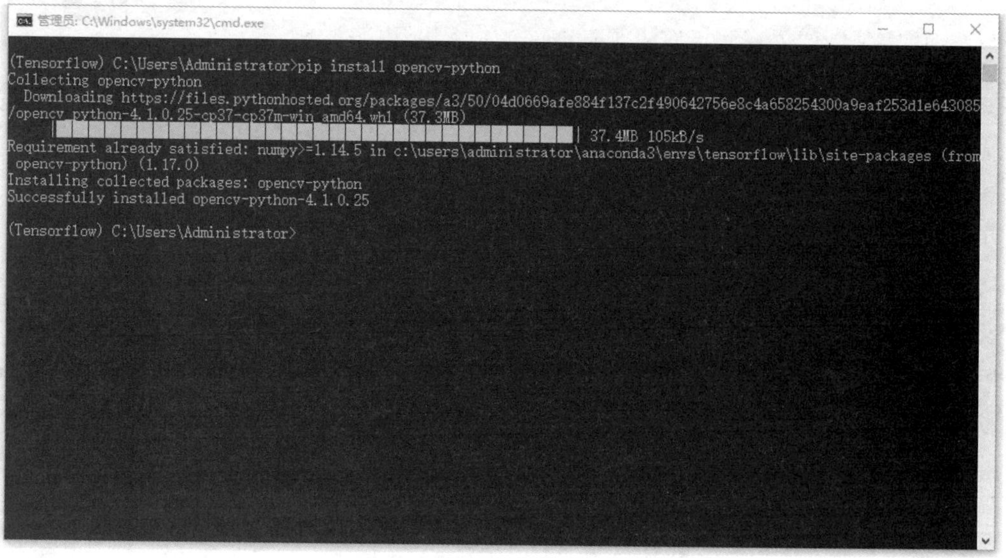

图 1-46　OpenCV 安装成功

## 1.8.2　PyCharm 配置

接下来进行 PyCharm 配置，使其能够使用已安装好 OpenCV 的环境。打开 PyCharm， 按照 1.7.1 节中的步骤新建项目、选择解释器。

新建完项目，在 PyCharm 菜单中选择"File"→"Settings"命令，打开设置对话 框，在左侧找到"Project: demo"下的"Project Interpreter"，单击该选项并稍等片刻，右侧将列出新建项目时选择的 Python 环境及相关安装包，可以看到其中有 opencv-python 4.1.0.25（图 1-47）。如果没有，说明"Project Interpreter"中选择的环境不对，需要切换成正确的环境。

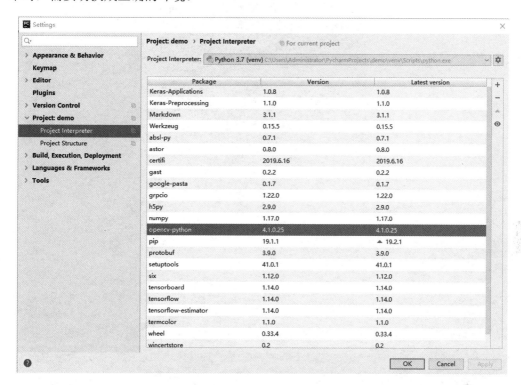

图 1-47　PyCharm 配置

### ⊙ 1.8.3　OpenCV 代码测试

在 PyCharm 当前项目名称上右击，在弹出的快捷菜单中选择"New"→"Python File"命令，新建 Python 文件并命名为"demo"。在新建的 Python 文件中输入如下代码。

```python
import cv2
img = cv2.imread('D:/Blossom.jpg')
cv2.imshow('img', img)
cv2.waitKey(10000)
```

在代码编辑区右击并选择运行命令，代码运行结果如图 1-48 所示。

图 1-48　OpenCV 代码运行结果

# 第②章

# 深入了解 TensorFlow

# 2.1 认识 TensorFlow 数据流图

### ⊛ 2.1.1 数据流图简介

TensorFlow 是通过数据流图来完成数据处理的。可以借助 TensorFlow API 来实现数据流图。

数据流图是一张神经网络（图 2-1），它能模拟人类大脑处理信息的过程，由节点（神经元）、连线（神经突触）和流经的张量（数据信息）三部分组成。节点代表对数据的某种处理，也就是对张量的运算操作。连线代表节点与节点之间的连接、依赖关系。要传递、处理的张量在编程代码中用数组或列表来表示。

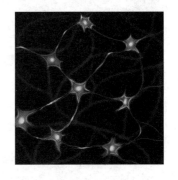

**图 2-1 神经网络**

读者可以试着想象一个动态的数据流图，若干张量通过连线汇聚到一个节点，按这个节点处的要求完成某种运算操作，这个节点的输出张量再通过连线流向其他节点。经过若干节点运算，张量最终流向输出节点，完成整个运算过程。

以图 2-2 为例，用数据流图完成如下简单计算过程。

已知输入节点"input"处的输入张量 a 为[5,2]。张量 a 流经上方的节点"add"，求出 a 的所有元素之和，作为张量 b；与此同时，张量 a 流经下方的节点"max"，求出张量 a 中所有元素的最大值，作为张量 c。张量 b 和张量 c 汇聚到节点"mul"处，求出 b 和 c 的乘积，作为张量 d，这就是最终输出结果。也就是说，输入张量 a 流经此数据流图的运算结果即张量 d。

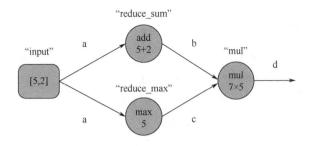

图 2-2 数据流图示例

## 2.1.2 实现数据流图

接下来看一看如何用代码实现上节中的数据流图。使用 TensorFlow 实现数据流图需要两个步骤:定义它、运行它。下面利用 TensorFlow API 来实现该数据流图。

首先打开 PyCharm,按照 1.7 节中的步骤新建项目。在项目名称的右键快捷菜单中选择"New"→"Python File"命令,完成 Python 文件的创建,然后输入如下代码。

```
import tensorflow as tf

a = tf.constant([5, 2], name="input")
b = tf.reduce_sum(a, name="add")
c = tf.reduce_max(a, name="max")
d = tf.multiply(b, c)

sess = tf.Session()
print(sess.run(d))
```

在代码编辑区右击并选择运行命令,可以看到代码运行结果为35。

## 2.1.3 数据流图代码解析

接下来解析上节中代码的含义。

1. 导入 TensorFlow 库

```
import tensorflow as tf
```

这行代码的作用是导入 TensorFlow 库,并赋予它一个新的名字 tf。这样,在后面用到 TensorFlow 库函数时就不用输入完整的名称,省时又省力。

2．创建数据流图

```
a = tf.constant([5, 2], name="input")
b = tf.reduce_sum(a, name="add")
c = tf.reduce_max(a, name="max")
d = tf.multiply(b, c)
```

这部分代码定义了 4 个节点的运算操作。输入节点处的张量 a 是通过 tf.constant()
方法创建的常量形式的一维列表，元素值为 5、2。在节点"add"处，通过 tf.reduce_sum()
方法对 a 中的所有元素求和，得到张量 b。在节点"max"处，通过 tf. reduce_max()方
法获取 a 中元素的最大值，作为张量 c。在最后一个节点处，用 tf.multiply()方法算出张
量 b 和张量 c 的乘积，作为数据流图最后的输出张量 d。

需要注意的是，这里只有一个输入节点，输入的张量为一维列表[5, 2]。相比于采
用两个输入节点，输入值分别为标量 5 和标量 2，张量输入有如下优点。

（1）只需要将输入数据送给单个节点，简化了数据流图。

（2）后面的节点只依赖于一个输入节点而非多个。

（3）输入节点可以接收任意维度的列表（张量）。

3．运行数据流图

通过前面的代码定义了一个数据流图，完成了一个简单神经网络的创建。要想得到
输出结果，还要将数据流图运行起来。

```
sess = tf.Session()
print(sess.run(d))
```

这里用构造方法 tf.Session()创建了一个会话 sess，通过 sess.run(d)运行数据流图，
让张量在数据流图的节点之间流动，最终求出张量 d 并打印出结果。

提示：其他节点的张量也可以通过 sess.run()方法进行运算。试着添加下面这行代
码，运行数据流图求出张量 c 并打印出结果。

```
print(sess.run(c))
```

4．run()方法详解

run()方法如下所示：

```
run(
    fetches,
    feed_dict=None,
```

```
        options=None,
        run_metadata=None
)
```

该方法有 4 个参数，其中 fetches 和 feed_dict 是需要重点关注的参数。参数的值为 None，意味着该参数可以缺省。run()方法至少要有 fetches 这一个参数。重点参数的解释如下。

（1）fetches。

该参数可以是任意数据流图中的元素，如某个节点处的张量。

（2）feed_dict。

该参数用于覆盖数据流图中的张量值，其格式为 Python 字典对象。字典包含"Key"和"Value"两个元素，也就是程序员所熟悉的键值对。"Key"指向需要被替换的张量；"Value"的值用于替换原来的张量值，只要数据类型相同即可替换。

feed_dict 非常重要，它可以用来更新、替换、覆盖输入张量的值，后续章节会对它进行详细介绍。

# 2.2　TensorBoard 的使用

## ⊙ 2.2.1　TensorBoard 的启动

上一节完成了简单神经网络的数据流图定义和运行。当神经网络越来越复杂时，如深度神经网络，对于大部分人而言，理解其内部的组织、结构及训练过程是很大的挑战。因此，有必要对数据流图进行可视化，这就要用到 TensorBoard（图 2-3）。TensorBoard 是 TensorFlow 内置的一个可视化工具，它通过将 TensorFlow 程序输出的日志文件信息可视化，使用户对 TensorFlow 程序的理解、调试和优化更加简单高效。

TensorBoard 的启动过程可以概括为以下几步。

（1）创建 writer，写日志文件。

（2）运行可视化命令，启动服务。

（3）通过浏览器打开可视化界面。

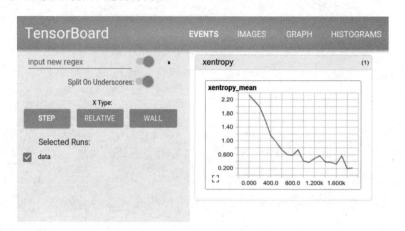

图2-3　TensorBoard

接下来使用 TensorBoard 对上节中的简单神经网络数据流图进行可视化呈现，使读者熟悉 TensorBoard 的使用流程。对于数据流图中的每一步操作，都可以使用 TensorBoard 进行可视化。首先在上节案例代码的后面添加如下代码并重新运行。

```
writer = tf.summary.FileWriter('./my_graph', sess.graph)
```

在这行代码中，tf.summary.FileWriter()方法会将数据流图的描述 sess.graph 写到当前项目路径下的 my_graph 文件夹中（图2-4）。

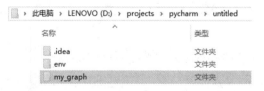

图2-4　my_graph 文件夹

添加代码并运行完程序后，在 PyCharm 界面中单击"Terminal"标签，在当前项目路径后面输入如下命令，如图2-5 所示。

```
tensorboard --logdir=my_graph
```

回车后会出现图 2-6 所示的提示。按提示打开相应的网址，启动 TensorBoard，如图 2-7 所示。

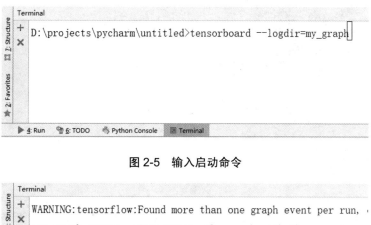

图 2-5 输入启动命令

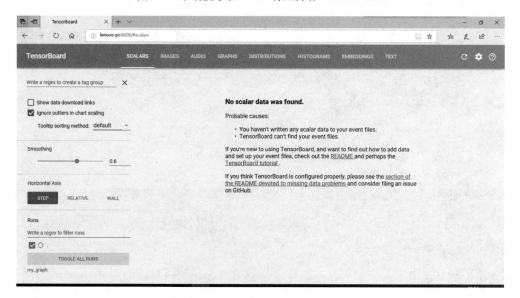

图 2-7 启动 TensorBoard

上述命令也可替换成以下写法，但要注意复制命令时，有可能得到的是中文引号，这时会出现 TensorBoard 中 Graph 为空的情况。

```
tensorboard --logdir="my_graph"
```

## 2.2.2 TensorBoard 界面介绍

在浏览器中启动 TensorBoard 后，可以看到界面中有多个标签页。图 2-8 显示了各个标签页的基本作用。

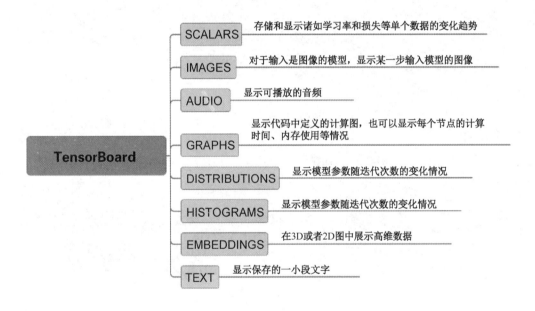

**TensorBoard**
- SCALARS —— 存储和显示诸如学习率和损失等单个数据的变化趋势
- IMAGES —— 对于输入是图像的模型，显示某一步输入模型的图像
- AUDIO —— 显示可播放的音频
- GRAPHS —— 显示代码中定义的计算图，也可以显示每个节点的计算时间、内存使用等情况
- DISTRIBUTIONS —— 显示模型参数随迭代次数的变化情况
- HISTOGRAMS —— 显示模型参数随迭代次数的变化情况
- EMBEDDINGS —— 在3D或者2D图中展示高维数据
- TEXT —— 显示保存的一小段文字

图 2-8　各个标签页的基本作用

"GRAPHS"标签页如图 2-9 所示，它用于显示项目对应的可视化数据流图，可通过鼠标滚轮改变显示大小。这是最常用的标签页，可以显示神经网络的整体结构，以及张量的流动方向和操作。

在该标签页中单击某个节点，即可显示该节点的详细信息，如图 2-10 所示。

启动 TensorBoard 时默认打开"SCALARS"标签页，它主要用于记录准确率、损失和学习率等数据的变化趋势，需要事先在代码中用 tf.summary.scalar()方法将相关信息记录到文件中。

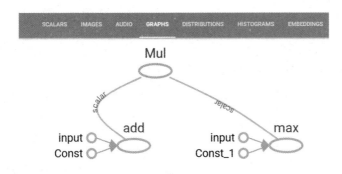

图 2-9    "GRAPHS"标签页

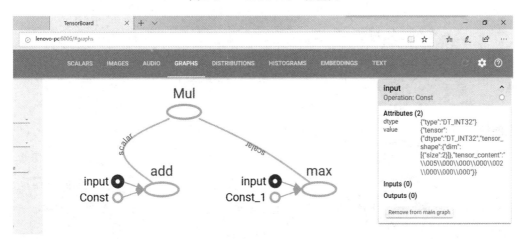

图 2-10    节点详细信息

tf.summary.scalar(name, tensor)方法有以下两个参数。

（1）name：用节点的名称作为曲线图的名称。

（2）tensor：包含单个值的张量。

对于上节案例中的简单神经网络，由于没有在代码中计算准确率、损失等，所以在"SCALARS"标签页中看不到任何信息（图 2-7）。

如果网络模型的输入是图像，则可在"IMAGES"标签页中查看相应的输入图像，默认显示最新的输入图像。

"DISTRIBUTIONS"标签页主要用来展示神经网络中各参数随迭代次数的变化情况。

"HISTOGRAMS"标签页和"DISTRIBUTIONS"标签页是对同一数据不同形式的展现。它用横轴表示权重值，用纵轴表示迭代次数。颜色越深表示时间越早，颜色越浅表示时间越晚（越接近训练结束）。

# 2.3 TensorFlow 张量思维

### 2.3.1 什么是张量

张量是 TensorFlow 中一个非常重要的概念，接下来就详细介绍什么是张量。

如果一个物理量，无论从哪个方向看都只是一个单值，那么它就是普通的标量，典型的例子如密度、温度等。如果从不同的方向看，它有不同的值，即在统一参考系下的不同坐标轴上有不同的投影值，那么它就是张量，典型的例子如力、速度、数字图像等。

用一句话解释，那就是张量是有大小和方向的量。这里的方向是指张量的阶或维度。

在 TensorFlow 程序中所有的数据都用张量的形式表示，如数组、矩阵、列表等。

其中，零维张量表示标量，也就是一个数；一维张量为向量（图 2-11），也就是一维数组；二维张量可以用一个矩阵表示（图 2-12）；三维张量是由多个矩阵平面组成的"立方体"，好像一块积木（图 2-13）。

　　　　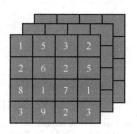

图 2-11　一维张量　　　　图 2-12　二维张量　　　　图 2-13　三维张量

如果把三维张量看成一个立方体（图 2-14），就可以进一步构造更高维的张量。例如，若干个三维张量"立方体"排列起来，就构成了四维张量；多个四维张量排列起来，就构成了五维张量（图 2-15）。本书中最多用到四维张量。

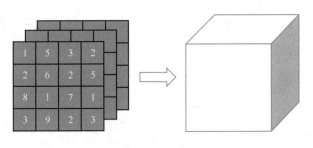

图 2-14　把三维张量看成一个立方体

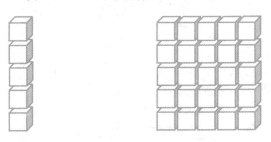

图 2-15　四维、五维张量

## ◎ 2.3.2　用 Numpy 定义张量

在 TensorFlow 中，定义张量的方式有很多种，本书推荐使用 Numpy 定义张量，手动为张量每个维度的每个元素赋值。Numpy 是一个专门为数组运算而设计的科学计算软件包，它提供了许多高级的数值计算功能。Numpy 与 TensorFlow 是集成在一起的。

下面举例说明如何在代码中用 Numpy 定义张量。

```
import numpy as np
x = np.array([5])
y = np.array([1, 2, 3, 4, 5])
z = np.array([[3, 5, 5], [6, 9, 7]])
```

在上述代码中，首先导入 Numpy 模块，然后通过 np.array()方法定义一维张量 x、一维张量 y、二维张量 z。可能有些读者还不知道如何确定张量的维数，接下来就通过学习张量的形状，搞清楚张量的维数等问题。

### ⊙ 2.3.3　张量的形状

张量的形状是用包含有序整数集的列表（List）或元组（Tuple）表示的。形状列表的元素数量即张量的维数，元素数值即每一维的长度。熟练掌握张量的形状，是理解 TensorFlow 的重要基础。

要查看张量的形状，需要用到 shape()方法。依然采用前面的案例，下面添加打印张量 x、y、z 的形状的代码。

```
import numpy as np
x = np.array([5])
y = np.array([1, 2, 3, 4, 5])
z = np.array([[3, 5, 5], [6, 9, 7]])
print(x.shape)
print(y.shape)
print(z.shape)
```

输出结果如下：

```
(1,)
(5,)
(2, 3)
```

其中，(1,)表示张量 x 的维数为 1，且该维度有 1 个元素；(5,)表示张量 y 的维数为 1，该维度有 5 个元素；(2, 3)表示张量 z 的维数为 2，第一维有 2 个元素，第二维有 3 个元素。

再看一个稍微复杂的例子，以加深对张量形状的理解。

```
import numpy as np
import tensorflow as tf
#零维
#x=5
x=np.array(5)
#一维
y=np.array([5,2,9])
#二维
z=np.array([[5,78,2,34,0],
           [6,79,3,35,1],
```

```
                [7,80,4,36,2]])
#三维
m=np.array([
        [
                [5,78,2,34,0],
                [6,79,3,35,1],
                [7,80,4,36,2]
        ],
        [
                [5,78,2,34,0],
                [6,79,3,35,1],
                [7,80,4,36,2]
        ]
        ])
shape_x = tf.shape(x, name="shape1")
shape_y = tf.shape(y, name="shape2")
shape_z = tf.shape(z, name="shape3")
shape_m = tf.shape(m, name="shape4")
print(shape_x)
print(shape_y)
print(shape_z)
print(shape_m)
print(x.shape)
print(y.shape)
print(z.shape)
print(m.shape)
```

输出结果如下：

```
Tensor("shape1:0", shape=(0,), dtype=int32)
Tensor("shape2:0", shape=(1,), dtype=int32)
Tensor("shape3:0", shape=(2,), dtype=int32)
Tensor("shape4:0", shape=(3,), dtype=int32)
()
(3,)
(3, 5)
(2, 3, 5)
```

下面对上述代码进行解释。

```
x=np.array(5)
```

这是张量 x 的定义，它的形状为 shape=(0,)，表示 x 是零维张量，也就是标量。

```
y=np.array([5,2,9])
```

这是张量 y 的定义，它的形状为 shape=(1,)，说明 y 是一维张量；(3,)代表张量 y 的第 1 维有 3 个元素。

```
(z=np.array([[5,78,2,34,0],
             [6,79,3,35,1],
             [7,80,4,36,2]])
```

这是张量 z 的定义，shape=(2,)表示 z 是二维张量；(3, 5)代表它的第 1 维有 3 个元素，第 2 维有 5 个元素。

```
m=np.array([
    [
        [5,78,2,34,0],
        [6,79,3,35,1],
        [7,80,4,36,2]
    ],
    [
        [5,78,2,34,0],
        [6,79,3,35,1],
        [7,80,4,36,2]
    ]
])
```

上述代码定义了张量 m，它的形状为 shape=(3,)，表示 m 为三维张量；(2, 3, 5)表示 m 的第 1 维有 2 个元素，第 2 维有 3 个元素，第 3 维有 5 个元素。

像 z、m 这种复杂张量的形状，有什么简单的方法去辨识吗？当然有，这个简单的方法就是找方括号和逗号。从外到内，每一层方括号代表一个维度；每一层方括号中用逗号分成了几部分，就代表这个维度有几个元素。下面按照此方法，重新分析一下张量 z。

首先找到代表第 1 维的最外层方括号，其中由 2 个逗号分隔出 3 个元素，这表示第 1 维有 3 个元素。

```
[
    [5,78,2,34,0],
    [6,79,3,35,1],
    [7,80,4,36,2]
]
```

接下来，在第 1 维的 3 个元素中任取一个，找到代表第 2 维的方括号，其中由 4

个逗号分隔出 5 个元素，这表示第 2 维有 5 个元素。

再往里已经没有方括号了，因此张量 z 为二维张量，第 1 维有 3 个元素，第 2 维有 5 个元素。

# 2.4 TensorFlow 中张量的几种形式

上一节通过 Numpy 库中的 array() 方法定义了数组形式的张量，输出了张量的形状，使读者初步了解了张量的概念和特点。张量的种类和定义方式很多，在 TensorFlow 中主要使用常量（Constant）、变量（Variable）和占位符（Placeholder）形式的张量。

这三种形式的张量分别用在什么地方呢？在搭建神经网络模型的过程中，节点处的运算权重矩阵通常以变量形式的张量存在；神经网络中为训练学习提前设好的超参数或其他结构信息的矩阵，通常以常量形式的张量存在；神经网络中的输入节点通常以占位符形式的张量存在。

下面依次介绍这三种形式的张量。

## 2.4.1　常量

常量在 2.1 节的案例中已经使用过。常量的特点是定义后，其维数和元素值不可变。举例如下：

```
import tensorflow as tf
import numpy as np
a = tf.constant([1, 2, 3, 4])
b = tf.constant(2, tf.int16)
c = tf.constant(3, tf.float32)
d = tf.constant(np.zeros(shape=(2,2), dtype=np.float32))

e = tf.zeros([12], tf.int16)
```

```
f = tf.zeros([100,5,3], tf.float64)
g = tf.ones([2,2], tf.float32)
```

tf.constant()方法用来创建常量形式的张量，而 tf. zeros()和 tf. ones()方法分别产生元素值全是 0 和元素值全是 1 的常量矩阵。

在调用上述方法时传入的参数 tf.int、tf.float 表示定义的张量是不同位数的整数、浮点数。

这里需要注意常量 d，它的声明结合了 TensorFlow 自带数据类型和 Numpy 数据类型。

### 2.4.2 变量

变量通过 tf.Variable()方法来定义，在定义变量时需要给出初始值。变量定义后，其值可变而维数不可变。在机器学习中，神经网络里参与节点处运算的权重矩阵有很多，它们的值需要根据训练结果反复调整，从而得到令人满意的权重，因此这些权重矩阵往往用变量形式的张量来定义。举例如下：

```
h = tf.Variable(2, tf.int16)
i = tf.Variable(8, tf.float32)
j = tf.Variable(tf.zeros([2, 2], tf.float32))
```

通过 tf.Variable()方法定义的张量，其元素初始值可以是全 0、全 1 或者随机数。

TensorFlow 提供了 tf.zeros()、tf.ones()、tf.random_normal()和 tf.random_uniform()等方法初始化变量。每个方法都接收一个形状，然后按照指定形状创建变量。

在上述代码中，变量的初始值分别被指定为 2、8、全 0 的 2×2 矩阵。采用 tf.random_normal()方法可以随机初始化变量的值。举例如下：

```
import tensorflow as tf
import numpy as np
w1=tf.Variable(tf.random_normal([2,3],stddev=1,seed=1))
weights = tf.Variable(tf.truncated_normal([256 * 256, 10]))
sess = tf.Session()
sess.run(tf.global_variables_initializer())
print(sess.run(w1))
print(sess.run(weights))
```

其中，w1 的运行结果如下：

```
[[-0.8113182   1.4845988   0.06532937]
 [-2.4427042   0.0992484   0.5912243 ]]
```

接下来详细介绍 tf.random_normal()、tf.truncated_normal() 及 tf.random_uniform() 方法。

tf.random_normal() 方法用于生成服从指定正态分布（又称高斯分布）的数值。正态分布如图 2-16 所示。该方法的原型是 tf.random_normal(shape, mean=0.0, stddev=1.0, dtype=tf.float32, seed=None, name=None)，各参数的含义如下。

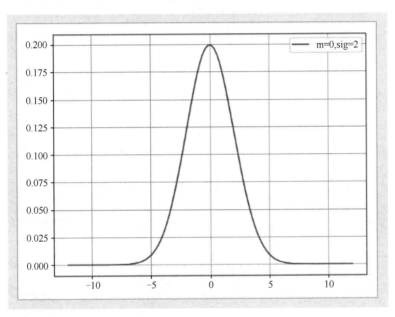

图 2-16　正态分布

（1）shape：输出张量的形状，不能缺省。

（2）mean：正态分布的均值，默认为 0。

（3）stddev：正态分布的标准差，默认为 1。

（4）dtype：输出数据的类型，默认为 tf.float32。

（5）seed：随机数种子，是一个整数。设置之后，每次生成的随机数都一样。

（6）name：操作的名称。

tf.truncated_normal()方法的原型是 tf.truncated_normal(shape, mean, stddev)，各参数的含义如下。

（1）shape：生成张量的形状。

（2）mean：均值。

（3）stddev：标准差。

这个方法用于生成截断的正态分布数据，均值和标准差由用户自己设定。截断正态分布如图 2-17 所示。这个方法生成的随机数与均值的差距不会超过正负两倍的标准差。

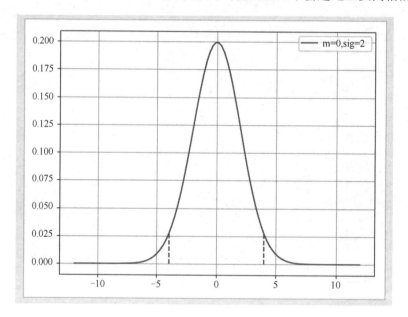

图 2-17　截断正态分布

tf.random_uniform()方法的原型是 tf.random_uniform(shape, minval, maxval, dtype, seed, name)，各参数的含义如下。

（1）shape：张量的形状。

（2）minval：生成的随机值范围的下限，默认为 0。

（4）maxval：生成的随机值范围的上限，如果 dtype 是浮点型，则默认为 1。

（5）dtype：输出数据的类型，可以是 float16、float32、float64、int32、int64。

（6）seed：随机数种子。

（7）name：操作的名称（可选）。

### ⤷ 2.4.3 占位符

在之前的案例中输入数据均是常量形式的张量，但在实际应用中，经常需要输入不同批次甚至不同形状的数据。为此，TensorFlow 提供了占位符和字典 feed_dict 来帮助接收输入数据。

占位符，顾名思义，是为输入张量预留一个位置，并且在创建它时不需要指定具体的张量形状和数值。与占位符呼应的是字典 feed_dict。下面通过一个例子介绍它们的用法。

```
import tensorflow as tf
import numpy as np


a = tf.placeholder(tf.int32)

b = [1, 2]
c = np.array([6, 7, 8, 9])
input_dict1 = {a: b}
input_dict2 = {a: c}

d = tf.reduce_prod(a, name='prod_d')
e = tf.reduce_sum(a, name='sum_e')

with tf.Session() as sess:
    print(sess.run(d, feed_dict=input_dict1))
    print(sess.run(e, feed_dict=input_dict2))
```

代码运行结果如下：

```
2
30
```

下面对上述代码做详细解释。

```
a = tf.placeholder(tf.int32)
```

这行代码定义一个占位符 a，类型是 32 位整数。定义占位符时可以指定或不指定形状，此处未指定形状。

```
b = [1, 2]
```

```
c = np.array([6, 7, 8, 9])
```

上面两行代码定义了不同形状的常量张量 b、c。

```
input_dict1 = {a: b}
input_dict2 = {a: c}
```

上述代码创建了键值对字典。冒号前为字典的 Key，对应占位符 a；冒号后为字典的 Value，对应 b 或 c，为希望传入占位符 a 的张量。

```
d = tf.reduce_prod(a, name='prod_d')
e = tf.reduce_sum(a, name='sum_e')
```

上述代码定义了节点操作 d 和 e，前者计算一个张量各个维度上元素的乘积，后者计算一个张量各个维度上的元素和。d 和 e 的输入数据都是占位符 a。

```
with tf.Session() as sess:
    print(sess.run(d, feed_dict=input_dict1))
    print(sess.run(e, feed_dict=input_dict2))
```

上述代码启动会话，运行节点操作 d、e，将它们的输入 feed_dict 分别替换为 input_dict1 和 input_dict2。注意，必须在 feed_dict 参数位置将每个占位符用字典替换为实际的张量，否则将引发异常。

最后介绍一下张量降维方法。常用的张量降维方法见表2-1。这里以 tf.reduce_mean() 方法为例，其原型为 tf.reduce_mean(input_tensor, axis=None, keep_dims=False, name=None, reduction_indices=None)。

主要参数含义如下。

（1）input_tensor：待求平均值的张量。

（2）reduction_indices：在哪一维上求平均值。

表 2-1　常用的张量降维方法

| 方法 | 解释 |
| --- | --- |
| tf.reduce_sum() | 计算张量各个维度上的元素和 |
| tf.reduce_max() | 计算张量各个维度上元素的最大值 |
| tf.reduce_min() | 计算张量各个维度上元素的最小值 |
| tf.reduce_mean() | 计算张量各个维度上元素的平均值 |
| tf.reduce_prod() | 计算张量各个维度上元素的乘积 |

# 第③章

# 机器学习入门

# 3.1 机器学习的基本步骤

前面介绍了 TensorFlow 的基本工作原理和概念，本章将介绍 TensorFlow 开源框架的主要用途——机器学习。本书主要介绍机器学习中的有监督学习，在这类问题中，要利用带标注信息的数据集去训练一个神经网络推断模型。其中，每个训练样本都标注了实际输出值或期望输出值。

推断模型的作用是对输入数据进行一系列数学计算，并根据计算结果做出推断或预测。假设输入是 $X$，输出是 $Y$，它们的关系可以用线性回归公式表示为 $Y=WX+b$。以往常见的问题是已知输入 $X$、权重 $W$ 和偏置量 $b$，通过公式求 $Y$。而对于有监督学习，则是已知输入 $X$、实际或期望输出 $Y$，通过学习训练反求权重 $W$ 和偏置量 $b$。当找到合适的权重 $W$ 和偏置量 $b$ 后，就可以将测试数据 $X'$ 输入 $Y'=WX'+b$ 中，求得预测结果 $Y'$。

总结一下，所谓机器学习，是指已知输入 $X$ 和输出 $Y$，寻求合适的权重 $W$ 和偏置量 $b$。所谓推断，是指已知测试输入 $X'$、训练好的权重 $W$ 和偏置量 $b$，求预测结果 $Y'$。

使用神经网络模型时，通常将 $W$ 和 $b$ 初始化为随机值，和输入 $X$ 一起代入公式 $Y=WX+b$，得到预测值 $Y'$。然后计算当前预测值 $Y'$ 与实际输出 $Y$ 之间的误差，根据相应算法反过来修正 $W$ 和 $b$。上述过程称为一次学习训练。经过若干次学习训练后，就会得到合适的 $W$ 和 $b$，预测值 $Y'$ 也会更加准确。

由此可以看出，机器学习与人类的学习方式相似，即懵懂开始、不断学习、反复纠错、固化沉淀。

机器学习的基本步骤如图 3-1 所示，具体介绍如下。

（1）加载和预处理数据集，定义超参数。

（2）构建网络模型。

（3）训练模型。

（4）评估和预测。

图 3-1　机器学习的基本步骤

# 3.2 泰坦尼克号案例

## 3.2.1 泰坦尼克号事件

泰坦尼克号（RMS Titanic）是英国白星航运公司制造的一艘奥林匹克级邮轮，于1912 年 4 月 2 日完工试航。它是当时世界上体积最庞大、内部设施最豪华的客运轮船，有"永不沉没"的美誉。然而讽刺的是，泰坦尼克号在它的处女航中便遭厄运（图 3-2）。

图 3-2　泰坦尼克号相关新闻和电影

图 3-2　泰坦尼克号相关新闻和电影（续）

1912 年 4 月 15 日，泰坦尼克号撞上冰山后沉没，2224 名乘客和机组人员中有 1502 人遇难。这场灾难震撼了当时的国际社会，推动了船舶安全条例的改进以及水声探测的重大发展。1914 年，第一台回声探测仪成功地在两英里（1 英里=1609.344 米）距离上探测到冰山。

海难导致生命损失的原因之一是没有足够的救生艇供乘客和机组人员使用。幸存下来的人们之所以能生还，运气是一方面，其他因素也有很大影响。例如妇女、儿童和上层阶级生存的概率更大。

在这个机器学习案例中，要求分析哪些因素会影响生存率，用已有的统计数据去训练人工神经网络模型，然后用训练好的模型来预测哪些乘客能够幸免于难。

## ◎ 3.2.2　泰坦尼克号案例数据集

泰坦尼克号案例数据集可以从下面的地址下载：https://github.com/xiaooudong/ tensorflow_titanic_logistic_regression。

其中包含训练数据集 train.csv 和测试数据集 test.csv。数据集中各个字段（特征）的含义见表 3-1，典型字段包括 PassengerId（乘客的唯一编号）、Pclass（票类等级）、

Sex（性别）、Age（年龄）等。部分源数据如图 3-3 所示。从图 3-4 可以看出，数据集中的部分字段与乘客生存率息息相关。

表 3-1　数据集中各个字段的含义

| 名称 | 含义 |
|---|---|
| PassengerId | 乘客的唯一编号 |
| Survived | 生存情况：存活（1）或死亡（0） |
| Pclass | 乘客所持票类等级（1、2、3），第三类票死亡率最高 |
| Name | 乘客姓名 |
| Sex | 性别，男性死亡率更高 |
| Age | 乘客年龄（有缺失） |
| SibSp | 乘客兄弟姐妹/配偶的个数（整数） |
| Parch | 乘客父母/孩子的个数（整数） |
| Ticket | 票号（字符串） |
| Fare | 乘客所持票的价格（浮点数，0～500） |
| Cabin | 乘客所在船舱（有缺失） |
| Embarked | 乘客登船港口：S、C、Q（有缺失） |

| | A | B | C | D | E | F | G | H | I | J | K | L |
|---|---|---|---|---|---|---|---|---|---|---|---|---|
| 1 | Passenger | Survived | Pclass | Name | Sex | Age | SibSp | Parch | Ticket | Fare | Cabin | Embarked |
| 2 | 1 | 0 | 3 | Braund, Mr. Owen Harris | male | 22 | 1 | 0 | A/5 21171 | 7.25 | | S |
| 3 | 2 | 1 | 1 | Cumings, Mrs. John Bradley (Florence Briggs Thayer | female | 38 | 1 | 0 | PC 17599 | 71.2833 | C85 | C |
| 4 | 3 | 1 | 3 | Heikkinen, Miss. Laina | female | 26 | 0 | 0 | STON/O2 | 7.925 | | S |
| 5 | 4 | 1 | 1 | Futrelle, Mrs. Jacques Heath (Lily May Peel) | female | 35 | 1 | 0 | 113803 | 53.1 | C123 | S |
| 6 | 5 | 0 | 3 | Allen, Mr. William Henry | male | 35 | 0 | 0 | 373450 | 8.05 | | S |
| 7 | 6 | 0 | 3 | Moran, Mr. James | male | | 0 | 0 | 330877 | 8.4583 | | Q |
| 8 | 7 | 0 | 1 | McCarthy, Mr. Timothy J | male | 54 | 0 | 0 | 17463 | 51.8625 | E46 | S |
| 9 | 8 | 0 | 3 | Palsson, Master. Gosta Leonard | male | 2 | 3 | 1 | 349909 | 21.075 | | S |
| 10 | 9 | 1 | 3 | Johnson, Mrs. Oscar W (Elisabeth Vilhelmina Berg) | female | 27 | 0 | 2 | 347742 | 11.1333 | | S |
| 11 | 10 | 1 | 2 | Nasser, Mrs. Nicholas (Adele Achem) | female | 14 | 1 | 0 | 237736 | 30.0708 | | C |
| 12 | 11 | 1 | 3 | Sandstrom, Miss. Marguerite Rut | female | 4 | 1 | 1 | PP 9549 | 16.7 | G6 | S |
| 13 | 12 | 1 | 1 | Bonnell, Miss. Elizabeth | female | 58 | 0 | 0 | 113783 | 26.55 | C103 | S |
| 14 | 13 | 0 | 3 | Saundercock, Mr. William Henry | male | 20 | 0 | 0 | A/5. 2151 | 8.05 | | S |
| 15 | 14 | 0 | 3 | Andersson, Mr. Anders Johan | male | 39 | 1 | 5 | 347082 | 31.275 | | S |
| 16 | 15 | 0 | 3 | Vestrom, Miss. Hulda Amanda Adolfina | female | 14 | 0 | 0 | 350406 | 7.8542 | | S |
| 17 | 16 | 1 | 2 | Hewlett, Mrs. (Mary D Kingcome) | female | 55 | 0 | 0 | 248706 | 16 | | S |
| 18 | 17 | 0 | 3 | Rice, Master. Eugene | male | 2 | 4 | 1 | 382652 | 29.125 | | Q |
| 19 | 18 | 1 | 2 | Williams, Mr. Charles Eugene | male | | 0 | 0 | 244373 | 13 | | S |
| 20 | 19 | 0 | 3 | Vander Planke, Mrs. Julius (Emelia Maria Vandemoo | female | 31 | 1 | 0 | 345763 | 18 | | S |
| 21 | 20 | 1 | 3 | Masselmani, Mrs. Fatima | female | | 0 | 0 | 2649 | 7.225 | | C |
| 22 | 21 | 0 | 2 | Fynney, Mr. Joseph J | male | 35 | 0 | 0 | 239865 | 26 | | S |
| 23 | 22 | 1 | 2 | Beesley, Mr. Lawrence | male | 34 | 0 | 0 | 248698 | 13 | D56 | S |
| 24 | 23 | 1 | 3 | McGowan, Miss. Anna "Annie" | female | 15 | 0 | 0 | 330923 | 8.0292 | | Q |
| 25 | 24 | 1 | 1 | Sloper, Mr. William Thompson | male | 28 | 0 | 0 | 113788 | 35.5 | A6 | S |
| 26 | 25 | 0 | 3 | Palsson, Miss. Torborg Danira | female | 8 | 3 | 1 | 349909 | 21.075 | | S |
| 27 | 26 | 1 | 3 | Asplund, Mrs. Carl Oscar (Selma Augusta Emilia Joh | female | 38 | 1 | 5 | 347077 | 31.3875 | | S |
| 28 | 27 | 0 | 3 | Emir, Mr. Farred Chehab | male | | 0 | 0 | 2631 | 7.225 | | C |
| 29 | 28 | 0 | 1 | Fortune, Mr. Charles Alexander | male | 19 | 3 | 2 | 19950 | 263 | C23 C25 C | S |
| 30 | 29 | 1 | 3 | O'Dwyer, Miss. Ellen "Nellie" | female | | 0 | 0 | 330959 | 7.8792 | | Q |

titanic_train

图 3-3　部分源数据

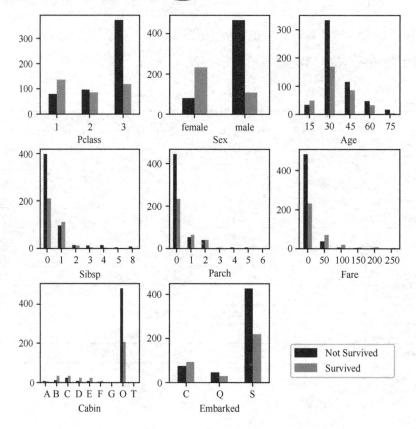

图 3-4　部分字段与乘客生存率的关系

### ⟫ 3.2.3　训练数据集预处理

　　训练数据集和测试数据集都要进行预处理。训练数据集中共有 891 个样本。用 Pandas 和 Numpy 库处理数据集，把与乘客生存率相关度不高的 PassengerId、Name、Ticket 字段去掉。留下的字段中 Age、Cabin、Embarked 有缺失值，需要对缺失值进行处理。例如，Age 字段缺失值可以用平均年龄来代替；Cabin 字段缺失值可以用 NP（Not Provided）填充；Embarked 字段仅有两个样本缺值，可以选择用随机值填充，或者删除这两个样本，这里选择用随机值填充。其他的预处理操作还包括将某些字段的字符串类型数据变成数值型等。

　　首先导入相关库，包括用于数据处理的 Numpy 和 Pandas、机器学习框架

TensorFlow、用于画图的 Matplotlib。

```
import numpy as np
import pandas as pd
import tensorflow as tf
import matplotlib.pyplot as plt
```

然后读取训练数据集，并筛选出需要的字段。

```
data = pd.read_csv('D:/projects/pycharm/untitled/data/train.csv')
data = data[['Survived', 'Pclass', 'Sex', 'Age', 'SibSp','Parch',
'Fare', 'Cabin', 'Embarked']]
```

接下来对数据进行处理。采用 fillna() 方法填充年龄字段缺失数据。用 pd.factorize() 方法将乘客所在船舱数值化。调用参数为 0 的 fillna() 方法，将剩余的缺失值用 0 填充。男性、女性分别用 1、0 表示。将船舱等级 Pclass 变为三列，p1 字段的值为真则代表乘客在 1 等船舱，并通过 astype() 方法将数据类型转换为 32 位整型，p2、p3 以此类推。有了代表船舱等级的新的三列数据后，就可以删除原来的 Pclass 字段。同样，把登船港口按首字母分成新的三列，删除原来的 Embarked 字段。

```
data['Age'] = data['Age'].fillna(data['Age'].mean())
data['Cabin'] = pd.factorize(data.Cabin)[0]
data.fillna(0,inplace=True)
data['Sex'] = [1 if x == 'male' else 0 for x in data.Sex]

data['p1'] = np.array(data['Pclass'] == 1).astype(np.int32)
data['p2'] = np.array(data['Pclass'] == 2).astype(np.int32)
data['p3'] = np.array(data['Pclass'] == 3).astype(np.int32)
del data['Pclass']

data['e1'] = np.array(data['Embarked'] == 'S').astype(np.int32)
data['e2'] = np.array(data['Embarked'] == 'C').astype(np.int32)
data['e3'] = np.array(data['Embarked'] == 'Q').astype(np.int32)
del data['Embarked']
```

然后定义列表 data_train 保存训练数据集的 12 个字段名称。接下来定义存放实际输出值的列表 data_target。训练数据集中对应的实际输出为 Survived 字段，将其形状转换成 len(data) 行 1 列后，每一行代表对应的乘客生存与否。

```
data_train = data[[ 'Sex', 'Age', 'SibSp', 'Parch', 'Fare', 'Cabin',
'p1', 'p2','p3', 'e1', 'e2', 'e3']]
```

```
data_target = data['Survived'].values.reshape(len(data),1)
```

### ⨀ 3.2.4 测试数据集预处理

测试数据集的预处理方法和训练数据集类似，代码和注释如下：

```
#读取测试数据集
data_test = pd.read_csv('D:/projects/pycharm/untitled/data/
test.csv')
#筛选需要的字段
data_test = data_test[['Pclass', 'Sex', 'Age', 'SibSp','Parch',
'Fare', 'Cabin', 'Embarked']]
#对缺失数据进行填充
data_test['Age'] = data_test['Age'].fillna(data_test['Age'].mean())
data_test['Cabin'] = pd.factorize(data_test.Cabin)[0]
data_test.fillna(0,inplace = True)
#用数字表示性别，1代表男性，0代表女性
data_test['Sex'] = [1 if x == 'male' else 0 for x in data_test.Sex]
#将船舱等级分为三列，并删除原来的字段
data_test['p1'] = np.array(data_test['Pclass'] ==
1).astype(np.int32)
data_test['p2'] = np.array(data_test['Pclass'] ==
2).astype(np.int32)
data_test['p3'] = np.array(data_test['Pclass'] ==
3).astype(np.int32)
#将登船港口按首字母分为三列，并删除原来的字段
data_test['e1'] = np.array(data_test['Embarked'] ==
'S').astype(np.int32)
data_test['e2'] = np.array(data_test['Embarked'] ==
'C').astype(np.int32)
data_test['e3'] = np.array(data_test['Embarked'] ==
'Q').astype(np.int32)
del data_test['Pclass']
del data_test['Embarked']
```

### ⨀ 3.2.5 搭建神经网络

数据集预处理完成后，接下来搭建神经网络，这里采用线性回归模型的神经网络。
首先搭建前馈网络。定义占位符 x 和 y。x 用于接收输入张量。x 的形状为多行 12

列，每行对应不同乘客，每列对应不同特征（共 12 个）。参数中的 None 代表 batch_size
（批次），其值取决于一次往输入节点送入多少条数据。

```
x = tf.placeholder(dtype='float',shape=[None,12])
y = tf.placeholder(dtype='float',shape=[None,1])
```

线性回归模型为 $Y=WX+b$，$X$ 为输入数据，权重 $W$ 和偏置量 $b$ 被初始化为随机值。
在代码中，weight 即权重 $W$，是形状为 12 行 1 列的张量，它被初始化为符合正态分布
的随机值。注意：正态分布的默认均值为 0，默认标准差为 1。bias 即偏置量 $b$，它是
一个标量。

当前预测值 output 即前面提到的 $Y'$，计算公式为 $Y'=WX+b$。其中，$W$ 与 $X$ 之间的
矩阵乘法操作通过 tf.matmul() 方法来实现。$X$ 形状为 [ None,12]，$W$ 形状为 [12,1]，两者
相乘结果的形状为 [ None,1]。None 的值取决于一个批次的输入数据有多少条。上述乘
法结果加上偏置量 bias，就得到模型的输出 output，也就是当前预测值 $Y'$。

```
weight = tf.Variable(tf.random_normal([12,1]))
bias = tf.Variable(tf.random_normal([1]))
output = tf.matmul(x,weight) + bias
```

用 tf.sigmoid() 方法将预测值归一化到 0 和 1 之间，再与 0.5 进行比较，大于 0.5 则
结果为 1，否则结果为 0。tf.cast() 方法用于将数据转换成浮点型，以防求平均值不准确。

```
pred = tf.cast(tf.sigmoid(output) > 0.5,tf.float32)
```

交叉熵损失方法用来计算标签（实际或期望输出值）与预测值之间的误差。通过
tf.reduce_mean() 方法求降维平均值，即同一批次产生误差的均值。

```
loss =tf.reduce_mean(tf.nn.sigmoid_cross_entropy_with_logits
(labels=y,logits=output))
```

前馈网络搭建好后，接下来搭建反馈网络。采用随机梯度下降法，使参数沿着梯度
的反方向，即总损失减小的方向移动，从而更新参数 $W$ 和 $b$。这里采用的学习率为
0.0003。

```
train_step =
tf.train.GradientDescentOptimizer(0.0003).minimize(loss)
```

下面计算准确率 accuracy。tf.equal(pred,y) 用于比较当前批次的预测值与实际值是
否相等。tf.reduce_mean() 用于求数组元素平均值作为准确率。至此，线性回归网络模型
搭建完毕。后面将进入训练环节。

```
accuracy = tf.reduce_mean(tf.cast(tf.equal(pred,y),tf.float32))
```

### 3.2.6 进行训练

把训练数据集输入搭建好的神经网络,得到预测值,并将预测值与实际值进行比较,以比较结果为依据来修正权重。如此反复训练,直到找到合适的权重。具体代码和解释如下。

首先开启会话,初始化所有变量,并定义两个列表。

```
sess = tf.Session()
sess.run(tf.global_variables_initializer())
loss_train = []
train_acc = []
```

接下来通过 for 循环实现 25000 次训练。把数据集按 100 个数据为一组进行分组。每次取 100 个数据,通过 feed_dict 替换输入节点占位符 x 和 y。随后运行 train_step 节点,用梯度下降法不断减小每次训练的损失。每训练 5000 次,计算一次损失和准确率,添加到相应列表中,并打印出来。

```
for i in range(25000):
    for n in range(len(data_target) // 100 + 1):
    batch_xs = data_train[n * 100:n * 100 + 100]
    batch_ys = data_target[n * 100:n * 100 + 100]
    sess.run(train_step, feed_dict={x: batch_xs, y: batch_ys})
    if i % 5000 == 0:
        loss_temp = sess.run(loss, feed_dict={x: batch_xs, y:
batch_ys})
        loss_train.append(loss_temp)
        train_acc_temp = sess.run(accuracy, feed_dict={x: batch_xs, y:
batch_ys})
        train_acc.append(train_acc_temp)
        print(loss_temp, train_acc_temp)
```

### 3.2.7 进行预测并可视化

训练完神经网络,模型的权重暂时固定下来,接下来将测试数据输入模型,看看预测结果是否准确。用测试数据作为占位符 x 的输入,运行预测节点 pred 得到预测值。

这里需要重新读取测试数据集，因为测试前把某些字段删掉了。

```
predictions = sess.run(pred,feed_dict={x:data_test})
data_test = pd.read_csv('D:/projects/pycharm/untitled/data/
test.csv')
```

通过 flatten()方法将预测结果从二维数组（n 行 1 列）变成一维数组（1 行 n 列），然后将保存的 titanic-submission.csv 文件上传到 Kaggle 网站，查看预测结果准确率。若显示准确率为零，可能是文件的格式不对，需要将文件重新保存为 UTF-8 编码格式。

```
predictions = predictions.flatten()
submission = pd.DataFrame({
    "PassengerId": data_test["PassengerId"],"Survived": predictions
})
submission.to_csv("titanic-submission.csv", index=False)
```

接下来利用 Matplotlib 这个 2D 绘图库实现数据可视化。在模型训练过程中，每次训练得到的预测值与实际值之间的误差称为损失，损失是修正模型权重 $W$ 和偏置量 $b$ 的依据。通过 Matplotlib 将训练过程中损失的变化曲线画出来，观察损失是否逐渐变小。在本案例中用下面的代码画出损失变化曲线，如图 3-5 所示。

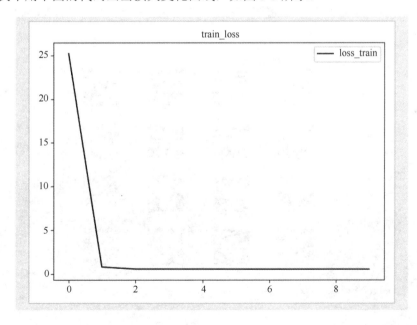

图 3-5 损失变化曲线

```
plt.plot(loss_train,'k-',label = 'loss_train')
plt.title('train_loss')
plt.legend()
plt.show()
```

通过本节的泰坦尼克号案例，相信读者已经了解了用于预测的线性回归模型，熟悉了机器学习的基本步骤。下节将介绍另一个经典案例——MNIST 手写数字识别案例。

# 3.3 MNIST 手写数字识别案例

## 3.3.1 数据集简介

MNIST 手写数字识别案例也是一个经典案例。MNIST 数据集来自美国国家标准与技术研究所。

如图 3-6 所示，MNIST 数据集主要由一些手写数字的图片和相应的标签组成，图片内容为阿拉伯数字 0~9，每张图片由 28×28=784 个像素点组成，标签即图片中的数字。

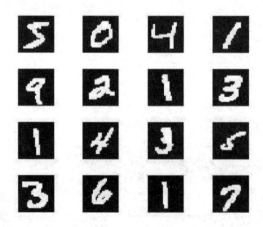

图 3-6　手写数字的图片

MNIST 数据集的应用场景较多，如通过算法让计算机识别出手写数字，这种算法可用于识别验证码、身份证号码、手机号码、邮政编码等。

MNIST 数据集可以从以下网址下载：http://yann.lecun.com/exdb/mnist/。

MNIST 数据集包含 4 个压缩包，如图 3-7 所示。它们分为两类：一类是训练图片及其标签，用来训练模型；另一类是测试图片及其标签，用来测试训练后的模型的性能。压缩包的名称和内容详见表 3-2。

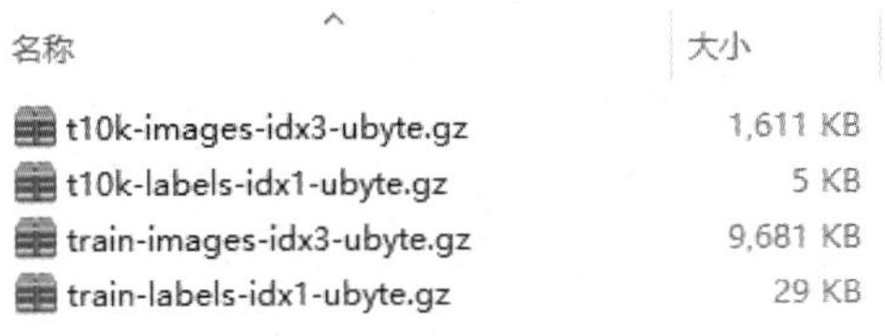

| 名称 | 大小 |
|---|---|
| t10k-images-idx3-ubyte.gz | 1,611 KB |
| t10k-labels-idx1-ubyte.gz | 5 KB |
| train-images-idx3-ubyte.gz | 9,681 KB |
| train-labels-idx1-ubyte.gz | 29 KB |

图 3-7 MNIST 数据集

表 3-2 压缩包的名称和内容

| 压缩包名称 | 内容 |
|---|---|
| train-images-idx3-ubyte.gz | 包含 55000 张训练图片和 5000 张验证图片 |
| train-labels-idx1-ubyte.gz | 包含训练图片的标签 |
| t10k-images-idx3-ubyte.gz | 包含 10000 张测试图片 |
| t10k-labels-idx1-ubyte.gz | 包含测试图片的标签 |

## 3.3.2 加载 MNIST 数据集

相关代码如下：

```
import tensorflow as tf
import numpy as np
from tensorflow.contrib.learn.python.learn.datasets.mnist import
read_data_sets

mnist = read_data_sets("MNIST_data",one_hot=True)

for i in range(6):
  print(mnist.train.labels[i,:])

sess = tf.InteractiveSession()
```

下面对代码进行详细解释。

```
mnist=read_data_sets("MNIST_data",one_hot=True)
```

参数"MNIST_data"表示数据集的存放路径，这里为当前项目目录下的 MNIST_data 子文件夹。

参数 one_hot 表示独热码，是一种编码方式。one_hot=True 代表用独热码表示模型输出的 n 分类所有预测结果，每个结果都是一个长度为 n 的数组，数组中只有一个元素是 1，其他元素都是 0，且分类结果互斥。例如，0 用[1, 0, 0, 0, 0, 0, 0, 0, 0, 0]表示，1 用[0, 1, 0, 0, 0, 0, 0, 0, 0, 0]表示，2 用[0, 0, 1, 0, 0, 0, 0, 0, 0, 0]表示。

```
sess = tf.InteractiveSession()
```

tf.InteractiveSession()是一种交互式会话创建方法，它能将生成的会话自动设置为默认会话，而无须用户指定。

### ⊚ 3.3.3 构建网络模型

相关代码如下：

```
# Create the model
x = tf.placeholder(tf.float32, [None, 784])
y_ = tf.placeholder(tf.float32, [None, 10])
W = tf.Variable(tf.zeros([784, 10]))
b = tf.Variable(tf.zeros([10]))
y = tf.nn.softmax(tf.matmul(x, W) + b)
```

下面对代码进行详细解释。

```
x = tf.placeholder(tf.float32, [None, 784])
y_ = tf.placeholder(tf.float32, [None, 10])
```

上述代码用于创建占位符 x、y_，分别用来输入数据集和标签。

占位符 x 的形状为[None, 784]。None 表示可变长度，即第一维元素数量是可变的，会依据一次送给模型的图片数量自动计算该维度元素数量。第二维元素数量为 784，因为每张图片有 28×28=7.84 个像素点。可以将该维度每一个元素的值看成手写数字的特征。

占位符 y_的形状为[None, 10]。同样，第一维元素数量为 None，具体数值取决于一次送给模型的标签数量；第二维元素数量为 10，代表共有 10 种手写数字（0～9）。

```
W = tf.Variable(tf.zeros([784, 10]))
b = tf.Variable(tf.zeros([10]))
```

上述代码定义了两个变量：权重 W 和偏置量 b。权重 W 通过 tf.zeros([784, 10])被初始化为全 0 的二维矩阵，第一维元素数量为 784，第二维元素数量为 10。偏置量 b 通过 tf.zeros([10])被初始化为全 0 的一维矩阵，元素数量为 10。

```
y = tf.nn.softmax(tf.matmul(x, W) + b)
```

tf.matmul(x, W)方法用于实现矩阵乘法。形状为[None, 784]的 x 与形状为[784, 10]的 W 相乘，将得到形状为[None,10]的张量。

这里需要注意以下几点。

（1）相乘的第一个矩阵的列数应等于第二个矩阵的行数，在这里 x 有 784 列，W 有 784 行。

（2）目标矩阵的行数取决于第一个矩阵的行数，目标矩阵的列数取决于第二个矩阵的列数。

tf.matmul(x, W) + b 用于实现上一步矩阵相乘结果的每一行元素与张量 b 的所有元素分别相加。

接下来详细介绍 tf.nn.softmax()方法。之前用到的线性回归模型主要用来解决二分类问题，而这里用到的 softmax 模型则为多分类模型。

在手写数字识别问题中，需要识别的是数字 0～9（共 10 个类别），对于每一张输入图片，要求计算它属于每个数字的概率。例如，某张图片属于数字 0 的概率为 10%，属于数字 1 的概率为 60%，属于数字 2 的概率为 5%，等等。这张图片属于哪个数字的概率最大，就判定这张图片上写的是哪个数字。

tf.nn.softmax()方法的主要作用就是将模型的预测值转换成合理的概率。因为预测值不代表概率，预测值有大有小，甚至可能是负数。通过 tf.nn.softmax()方法可以将每个类别的预测值归一化到 0 和 1 之间，并且全部分类的概率和为 1。

下面举例进行说明。假设三分类模型的预测值为$(a,b,c)$，用上述方法转换后得到图 3-8 所示的结果。转换结果中的每一项代表目标属于每个类别的概率，它们的值都在

0和1之间，而且加起来正好等于1。

$$\left( \frac{e^a}{e^a + e^b + e^c}, \frac{e^b}{e^a + e^b + e^c}, \frac{e^c}{e^a + e^b + e^c} \right)$$

图3-8　转换结果

### 3.3.4　训练模型

模型预测值与实际值之间的误差称为损失。在模型训练过程中，优化器会依据损失大小按某种优化算法修正模型的权重和偏置量。损失和优化器的定义代码如下：

```
cross_entropy = -tf.reduce_sum(y_ * tf.log(y))
train_step =
tf.train.GradientDescentOptimizer(0.01).minimize(cross_entropy)
```

其中，第一行代码按照以下公式定义了交叉熵，将交叉熵作为本案例中的损失。第二行代码用梯度下降法以0.01的学习率最小化交叉熵。

$$H_{y'}(y) = -\sum_i y'_i \log(y_i)$$

模型训练代码如下：

```
# Train
tf.global_variables_initializer().run()
for i in range(1000):
  batch_xs, batch_ys = mnist.train.next_batch(100)
  train_step.run({x: batch_xs, y_: batch_ys})
```

首先通过tf.global_variables_initializer()方法初始化模型的参数。然后在每一次循环中，抓取训练数据集中的100个数据，用它们替换之前的输入占位符，并运行train_step节点进行训练。

### 3.3.5　测试模型

下面用测试数据集测试训练后的模型性能。代码如下：

```
# Test trained model
correct_prediction = tf.equal(tf.argmax(y, 1), tf.argmax(y_, 1))
accuracy = tf.reduce_mean(tf.cast(correct_prediction, tf.float32))
```

```
print(accuracy.eval({x: mnist.test.images, y_ : mnist.test.labels})))
```

在 correct_prediction = tf.equal(tf.argmax(y, 1), tf.argmax(y_, 1))中用到了 tf.argmax()
方法，它的原型是 tf.argmax(input, axis=None, name=None, dimension=None)，部分参数
说明见表 3-3。该方法的作用是返回一个张量轴（维度）上数值最大的索引。此处用来
获取标签（实际值）张量 y 的最大值元素索引，以及模型预测值张量 y_的最大值元素
索引。

表 3-3　tf.argmax()方法部分参数说明

| 参数 | 含义 |
| --- | --- |
| input | 输入张量 |
| axis | 轴或维度，指定输入张量的哪个维度需要降维求最大值索引 |
| name | 操作的名称 |

注意：y 和 y_采用了独热码，所以张量元素中只有一个为 1，其他全为 0。通过
tf.argmax()方法求得的最大值索引就是元素 1 的索引。

tf.equal()方法用来比较预测值与实际值是否相等，其结果放在张量
correct_prediction 中。

accuracy = tf.reduce_mean(tf.cast(correct_prediction, tf.float32))将 correct_prediction
通过 tf.cast()方法强制转换为 tf.float32 类型，然后通过 tf.reduce_mean()方法求该批次的
平均预测准确率。

完整的手写数字识别代码如下：

```
import tensorflow as tf
import numpy as np
from tensorflow.contrib.learn.python.learn.datasets.mnist import
read_data_sets

mnist = read_data_sets("MNIST_data",one_hot=True)

for i in range(6):
  print(mnist.train.labels[i,:])

for i in range(10):
  one_hot_label = mnist.train.labels[i, :]
```

```
      lable = np.argmax(one_hot_label)
      print('mnist_train_%d.jpg label:%d' % (i,lable))

  sess = tf.InteractiveSession()

  # Create the model
  x = tf.placeholder(tf.float32, [None, 784])
  y_ = tf.placeholder(tf.float32, [None, 10])
  W = tf.Variable(tf.zeros([784, 10]))
  b = tf.Variable(tf.zeros([10]))
  y = tf.nn.softmax(tf.matmul(x, W) + b)

  # Define loss and optimizer
  cross_entropy = -tf.reduce_sum(y_ * tf.log(y))
  train_step =
tf.train.GradientDescentOptimizer(0.01).minimize(cross_entropy)

  # Train
  tf.global_variables_initializer().run()
  for i in range(1000):
    batch_xs, batch_ys = mnist.train.next_batch(100)
    train_step.run({x: batch_xs, y_: batch_ys})
    #
    #if i % 200 == 0:
    #   print(cross_entropy)
    #   print(cross_entropy.eval({x: batch_xs, y_: batch_ys}))

  # Test trained model
  correct_prediction = tf.equal(tf.argmax(y, 1), tf.argmax(y_, 1))
  accuracy = tf.reduce_mean(tf.cast(correct_prediction, tf.float32))
  print(accuracy.eval({x: mnist.test.images, y_: mnist.test.labels}))
```

### ⊙ 3.3.6 矩阵乘法和加法规则

1. 矩阵乘法规则

矩阵是由行和列组成的，矩阵乘法规则如下：用第一个矩阵第 $i$ 行上的元素与第二个矩阵第 $j$ 列上相对应的元素分别相乘，再计算它们的和，作为目标矩阵中第 $i$ 行第 $j$ 列元素的值。具体可以分为下面几个步骤。

（1）确认两个矩阵是否可以相乘。

只有第一个矩阵的列数等于第二个矩阵的行数，两个矩阵才能相乘。例如，图 3-9 中的两个矩阵可以相乘，因为第一个矩阵有 3 列，而第二个矩阵有 3 行，即第一个矩阵的列数等于第二个矩阵的行数。

$$A = \begin{bmatrix} 1 & 2 & 1 \\ 3 & 1 & 2 \end{bmatrix} \quad ①②③$$

$$B = \begin{bmatrix} 2 & 1 \\ 3 & 0 \\ 1 & 2 \end{bmatrix} \begin{matrix} ① \\ ② \\ ③ \end{matrix}$$

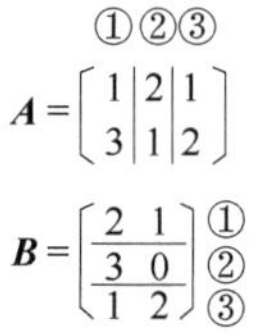

**图 3-9 可相乘的两个矩阵**

（2）求目标矩阵的行列数。

目标矩阵由矩阵 $A$ 和矩阵 $B$ 相乘得到，它与矩阵 $A$ 有相同的行数，与矩阵 $B$ 有相同的列数。在图 3-10 中，矩阵 $A$ 有 2 行，所以目标矩阵有 2 行；矩阵 $B$ 有 2 列；所以目标矩阵有 2 列。也就是说，$A$ 与 $B$ 相乘后的目标矩阵有 2 行 2 列。

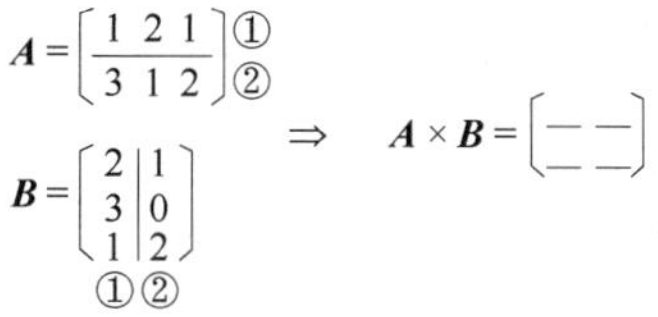

$$A = \begin{bmatrix} 1 & 2 & 1 \\ 3 & 1 & 2 \end{bmatrix} \begin{matrix} ① \\ ② \end{matrix}$$

$$B = \begin{bmatrix} 2 & 1 \\ 3 & 0 \\ 1 & 2 \end{bmatrix} \quad \Rightarrow \quad A \times B = \begin{bmatrix} - & - \\ - & - \end{bmatrix}$$
$$\begin{matrix} ① & ② \end{matrix}$$

**图 3-10 确定目标矩阵的行列数**

（3）计算目标矩阵的元素值。

目标矩阵第 $i$ 行第 $j$ 列元素值由矩阵 $A$ 的第 $i$ 行元素与矩阵 $B$ 的第 $j$ 列元素相乘后求和得到。在图 3-11 中，目标矩阵第 1 行第 1 列元素值由矩阵 $A$ 第 1 行元素与矩阵 $B$ 第 1 列元素相乘后求和得到，即 9。目标矩阵第 1 行第 2 列元素值由矩阵 $A$ 第 1 行元素与矩阵 $B$ 第 2 列元素相乘后求和得到，即 3。整个计算过程如图 3-11 所示。

$$A = \begin{bmatrix} 1 & 2 & 1 \\ 3 & 1 & 2 \end{bmatrix} \begin{matrix} ① \\ ② \end{matrix}$$

①① $1×2+2×3+1×1=9$
①② $1×1+2×0+1×2=3$
②① $3×2+1×3+2×1=11$
②① $3×1+1×0+2×2=7$

$$B = \begin{bmatrix} 2 & 1 \\ 3 & 0 \\ 1 & 2 \end{bmatrix}$$

$\Rightarrow$

$$A \times B = \begin{bmatrix} 9 & 3 \\ 11 & 7 \end{bmatrix}$$

**图 3-11　计算目标矩阵的元素值**

2．矩阵加法规则

下面通过一个示例来了解矩阵加法规则。

```
#矩阵加法
import tensorflow as tf
import numpy as np


o = np.array([[1, 2, 2, 1, 2, 1, 2, 3, 2, 1],
              [3, 2, 1, 1, 0, 0, 1, 1, 3, 2],
              [1, 1, 1, 0, 2, 1, 2, 0, 2, 1],
              ])


b = tf.constant([0, 1, 2, 3, 4, 5, 6, 7, 8, 9])
shape = tf.shape(b, name="mystery_shape")
print(shape)
print(b.shape)
y=o+b
sess = tf.InteractiveSession()
print(sess.run(y))
```

程序运行结果如下：

```
[[ 1  3  4  4  6  6  8 10 10 10]
 [ 3  3  3  4  4  5  7  8 11 11]
 [ 1  2  3  3  6  6  8  7 10 10]]
```

# 3.4　机器学习相关概念详解

前几节通过泰坦尼克号案例和手写数字识别案例，介绍了机器学习的基本步骤。本节将详细介绍前面案例中出现的一些概念。

### ⊙ 3.4.1 线性回归模型

在泰坦尼克号案例中采用了有监督学习中常用的线性回归模型 $Y=WX+b$，用代码表示是 output = tf.matmul(x,weight) + bias。可以把它看作一条预测趋势的直线（图 3-12）。

$W$ 为模型从训练数据中学习到的权重，通常初始化为随机数，通过不断地训练来修正。$b$ 为模型的偏置量，同样初始化为随机数，它也是通过训练学习到的参数。

在实际应用中，通常先随机初始化参数 $W$ 和 $b$，得到一个预测值 $Y$。根据预测值 $Y$ 与实际值（或期望值）$Y$ 之间的误差来修正 $W$ 和 $b$。经过一次次正向预测及反向修正，最终学习到合适的 $W$ 和 $b$。

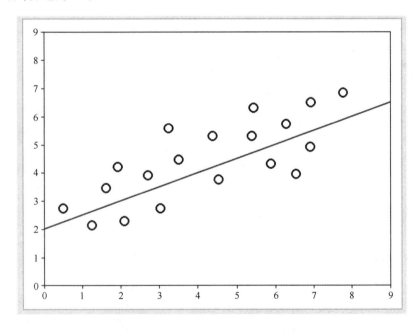

图 3-12　线性回归模型示意图

### ⊙ 3.4.2 激活函数

诸如泰坦尼克号这样的案例解决的是二分类问题，它的答案只有两种:生存或死亡、是或否、0 或 1、真或假。

神经网络模型输出的预测值往往是连续的值，因此需要按照某个规律（曲线）将预测值归一化到某个范围内，即使用激活函数对模型输出做进一步处理。sigmoid 函数就是一种常用的激活函数，通常用来做二分类。如果做多分类，可以用 softmax 函数。

sigmoid 函数又称 logistic 函数，在机器学习领域经常会用到，它的表达式为

$$S(x) = \frac{1}{1 + e^{-x}}$$

sigmoid 函数曲线如图 3-13 所示。

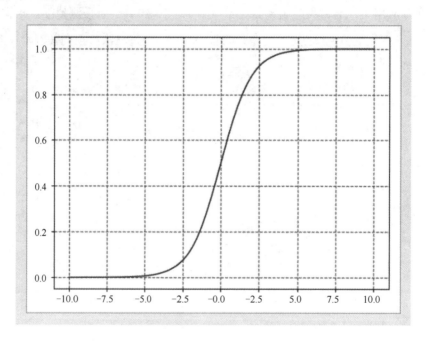

图 3-13　sigmoid 函数曲线

sigmoid 函数可用如下代码来实现：

```
pred = tf.cast(tf.sigmoid(output) > 0.5,tf.float32)
```

用 tf.sigmoid(output)将模型的预测值归一化到 0 和 1 之间，再通过与 0.5 这个阈值进行比较，输出两种结果：0 或 1。

### 3.4.3 交叉熵

在前面的代码中将交叉熵作为预测值和实际值之间的误差，即损失。

交叉熵实现代码如下：

```
loss = tf.reduce_mean(
tf.nn.sigmoid_cross_entropy_with_logits(labels=y,logits=output))
```

注意：方法名中包含 sigmoid，这意味着先对网络输出进行归一化，再求交叉熵。

在介绍交叉熵的具体含义之前，有必要介绍一下熵（Entropy）和 KL 散度（Kullback-Leibler Divergence）。

在信息论中，熵综合了一个事件发生的概率及其包含的信息量。例如，事件 A 为"中国乒乓球队在奥运会上取得了 4 枚金牌"，事件 B 为"中国足球队冲进了世界杯决赛圈"。显然，大多数人会觉得事件 B 包含的信息量更大。因为事件 A 发生的概率大，越可能发生的事件，其中包含的信息量就越小；事件 B 发生的概率小，越不可能发生的事件，其中包含的信息量就越大。可以用图 3-14 中的曲线来描述概率和信息量之间的非线性关系，该曲线对应公式 $Y=-\log(p(x_i))$。式中，$p$ 代表某事件发生的概率，其值在 0 和 1 之间；$Y$ 代表该事件所包含的信息量。

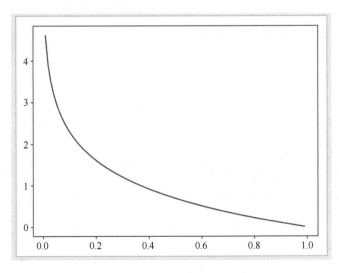

**图 3-14** $Y=-\log(p(x_i))$的曲线

熵综合了事件发生的概率和信息量，其公式如下：

$$H(X) = -\sum_{i=1}^{n} p(x_i) \log p(x_i)$$

$H(X)$被称为独立随机变量 $x_i$ 的熵，它是对所有可能发生的事件产生的信息量的期望。

接下来介绍 KL 散度。

在机器学习中，$p$ 往往用来表示样本的真实分布，如对于三分类模型，[1,0,0]表示当前样本属于第一类。$q$ 用来表示模型所预测的分布，如模型预测值[0.7,0.2,0.1]。可以用 KL 散度（又称相对熵）来衡量这两个分布的差异。假设 $n$ 为事件的所有可能性。在下面的公式中，$D_{KL}$ 的值越小，表示 $q$ 分布和 $p$ 分布越接近。

$$D_{KL}(p\|q) = \sum_{i=1}^{n} p(x_i) \log(\frac{p(x_i)}{q(x_i)})$$

上述公式经变形后得到如下公式：

$$D_{KL}(p\|q) = \sum_{i=1}^{n} p(x_i) \log(p(x_i)) - \sum_{i=1}^{n} p(x_i) \log(q(x_i))$$

$$= -H(p(x)) + [-\sum_{i=1}^{n} p(x_i) \log(q(x_i))]$$

该公式右侧的前半部分是熵，后半部分是交叉熵。这就是交叉熵的由来。在机器学习中，需要评估实际值和预测值之间的误差，KL 散度正好可以满足需求，由于 KL 散度中前半部分的熵不变，所以在机器学习的优化过程中直接用交叉熵作为损失，来评估模型。

交叉熵可以用在单分类问题中。以图 3-15 为例，这里的单分类是指一张图片只能属于一个类别，如只能是狗或只能是猫。

这个单分类问题的标签和预测值见表 3-4。计算出来的损失为$-(1 \times \log(0.6) + 0 \times \log(0.3) + 0 \times \log(0.1) = -\log(0.6) = -0.2218$。

图 3-15 一张猫的图片

表 3-4 单分类问题的标签和预测值

|  | 猫 | 狗 | 兔子 |
|---|---|---|---|
| Label | 1 | 0 | 0 |
| Pred | 0.6 | 0.3 | 0.1 |

如果换成表 3-5 中的标签和预测值,则计算出来的损失为$-(1\times\log(0.8)+0\times\log(0.1)+0\times\log(0.1))=-\log(0.8)=-0.0969$。可以看出,损失(交叉熵)有所减小。

表 3-5 另一组标签和预测值

|  | 猫 | 狗 | 兔子 |
|---|---|---|---|
| Label | 1 | 0 | 0 |
| Pred | 0.8 | 0.1 | 0.1 |

### 3.4.4 梯度下降法

有了交叉熵作为损失,就能以损失为依据,反向修正权重 $W$ 和偏置量 $b$,这就是机器学习的训练过程。采用的方法是 tf.train.GradientDescentOptimizer(0.0003).minimize (loss)。其中,minimize 表示最小化损失;采用的优化器是 GradientDescentOptimizer,也就是用梯度下降法修正;学习率为 0.0003。

梯度下降法用于寻找损失函数的极小值,如图 3-16 所示。

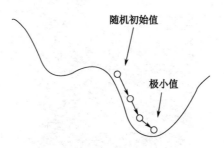

图 3-16　寻找损失函数的极小值

学习率是一种超参数，可由用户手动设置。如果学习率太小，会导致找到损失函数的极小值所需要的学习次数太多。如果学习率太大，则算法可能会"跳过"极小值并周期性摆动。

另外，为了避免在梯度下降过程中落到局部最小点，可随机初始化 $W$ 和 $b$。通过使用随机初始值，可增大从全局最优点附近开始下降的概率。

# 第④章

## 深度学习之图像分类

# 4.1 卷积神经网络

### 4.1.1 卷积神经网络简介

卷积神经网络（Convolutional Neural Networks，CNN）是深度学习中最为重要的概念之一，广泛应用于图像检测、物体识别等领域。

要理解 CNN，必须先了解感受野的概念。感受野是 CNN 的灵感来源。20 世纪 60 年代，Hubel 等人通过对猫视觉皮层细胞的研究，提出了感受野这个概念。所谓感受野就是视觉感受区域（图 4-1）。在卷积神经网络中，感受野的定义是卷积神经网络每一层输出特征图上的像素点在原始图像上映射的区域。

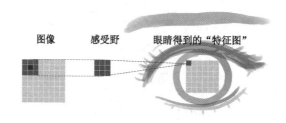

图 4-1　感受野示意图

CNN 是一种特殊的深层神经网络模型，具有以下三个特点。

第一个特点是 CNN 的神经元是非全连接的。其输出特征图上像素点的值并不是由输入图像上所有像素点计算得到的（称为全连接），而是受感受野内的像素点影响（称为非全连接）。但输入图像感受野内的像素点对输出特征图上对应像素点的影响并不一定是均匀的，有可能中间影响大，四周影响小，因此在用感受野表示影响范围时，需要给感受野内每个像素点的影响添加权重，其值越大代表影响越大。给感受野内每个像素点添加影响权重，就形成了 CNN 中的卷积核（图 4-2）。

图 4-2 3×3 卷积核

第二个特点是 CNN 中同一层神经元的权重是共享的。换句话说就是，输入图像的不同感受采用相同的卷积核来生成特征图中的每个像素点。这样可以减少权重的数量，降低网络模型的复杂度。对于很难学习的深层结构来说，这是非常重要的。

CNN 非全连接和权重共享的网络结构使之更接近真实的生物神经网络，从而使它在图像处理、语音识别领域有着独特的优越性，这也是卷积神经网络相对于全连接网络的一大优势。

第三个特点是 CNN 的卷积核参数是通过训练数据学习得到的，避免了复杂的人工特征提取。

## 4.1.2 卷积

本节通过 OpenCV 均值模糊案例来介绍卷积过程。图 4-3 中给出了一幅 5×5 灰度图，其中标出了每个像素点的灰度值。可以看出，对角线位置的灰度值较大，形成了明显的边界。

| 9 | 9 | 9 | 9 | 36 |
|---|---|---|---|---|
| 9 | 9 | 9 | 36 | 9 |
| 9 | 9 | 36 | 9 | 9 |
| 9 | 36 | 9 | 9 | 9 |
| 36 | 9 | 9 | 9 | 9 |

图 4-3 5×5 灰度图

接下来，从图像左上角开始，用 3×3 卷积核（图 4-4）的中心遍历图像中的所有像素点。将 3×3 邻域内所有像素点的值逐个与相应的权重相乘后求平均，将得到的计算结果作为中心像素点的新值。遍历完整幅图像后，将得到一个由新像素值组成的特征图。卷积核的尺寸可以自定义，但是边长必须为奇数，如 5×5、9×9 等。当然，尺寸越大，计算量也越大。

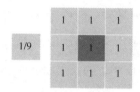

图 4-4　3×3 卷积核

下面介绍卷积过程。首先将卷积核的中心移动到图像左上角第 1 行第 1 列的像素点位置，求出 3×3 邻域内所有有效像素点的均值，把计算结果放到新的图像（特征图）中第 1 行第 1 列的像素点位置，如图 4-5 所示。

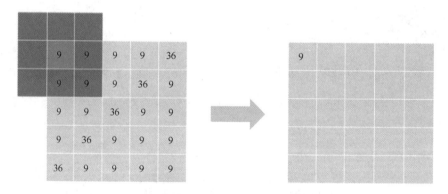

图 4-5　对第 1 个像素点卷积

接下来将卷积核向右移动一个像素点，即将卷积核的中心移动到图像第 1 行第 2 列的像素点位置，同样求出 3×3 邻域内所有有效像素点的均值，把计算结果放到特征图第 1 行第 2 列的像素点位置，如图 4-6 所示。

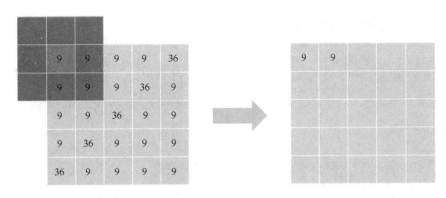

图 4-6　对第 2 个像素点卷积

继续移动卷积核中心，遍历图像的每个像素点，在卷积核邻域内按权重算出加权平均值，将结果放到特征图相应的位置。特征图中每个像素点的值取决于原图相应位置周围像素值的大小和权重。卷积完成后得到的特征图如图 4-7 所示，可以看到像素值与像素值之间有了模糊过渡，边界不再明显。

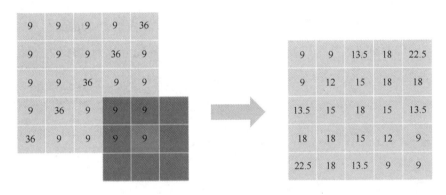

图 4-7　卷积完成后得到的特征图

下面给出第一个案例，针对彩色图像，用 OpenCV 实现均值模糊，看看卷积对实际图像的影响。以 3×3 卷积核为例，均值模糊是指 3×3 邻域内每个像素值的权重是均等的，对计算加权平均值的影响是一样的。显然，计算后得到的结果是 3×3 邻域内所有像素值的平均值。案例代码如下：

```
import cv2
src = cv2.imread('D:/TestImage/flower0.jpg')
```

```
dst=cv2.blur(src,(3, 3))
cv2.imshow('src', src)
cv2.imshow('dst', dst)
cv2.waitKey(20000)
```

图 4-8 中给出了第一个案例的原图和卷积后的图像。可以看出，卷积核尺寸越大，模糊效果越明显。

（a）原图　　　　　　（b）用 3×3 卷积核卷积后的图像　　　　（c）用 5×5 卷积核卷积后的图像

图 4-8　第一个案例的原图和卷积后的图像

卷积核的权重不一定非要均等。下面给出第二个案例，通过 OpenCV 来自定义卷积核，实现自定义模糊效果。OpenCV 中自定义卷积核的方法为 **filter2D**(src, ddepth, kernel, dst=None, anchor=None, delta=None, borderType=None)。

该方法的关键参数 ddepth 表示深度，即通道数，输入值为-1 时，目标图像和原图像深度保持一致。参数 kernel 表示卷积核，它是一个单通道浮点型矩阵。案例代码如下：

```
import cv2
import numpy as np
# filter2D
src = cv2.imread('d:/TestImage/flower1.jpg')
cv2.imshow('src', src)
kernel = np.array([[0, 1/5, 0],
                   [1/5,1/5,1/5],
                   [0, 1/5, 0]])
#200*0.2+200*0.2+50*0.2+200*0.2+250*0.2
dst = cv2.filter2D(src, -1, kernel)
cv2.imshow('dst', dst)
cv2.waitKey()
```

第二个案例的原图和自定义模糊后的图像如图 4-9 所示。

图 4-9 第二个案例的原图和自定义模糊后的图像

在上述案例中,卷积核中每个像素点的权重都大于或等于 0。下面给出第三个案例,让权重变为负数,看看会有什么样的效果。带负数的卷积核如图 4-10 所示。

| -1 | -1 | -1 |
| -1 | 8 | -1 |
| -1 | -1 | -1 |

图 4-10 带负数的卷积核

案例代码如下:

```python
import cv2
import numpy as np
# filter2D
src = cv2.imread('d:/TestImage/flower1.jpg')
cv2.imshow('src', src)
kernel = np.array([[-1, -1, -1],
                   [-1, 8, -1],
                   [-1, -1, -1] ])
dst = cv2.filter2D(src, -1, kernel)
cv2.imshow('dst', dst)
cv2.waitKey()
```

第三个案例的原图和锐化后的图像如图 4-11 所示。由处理后得到的特征图可以看出，当卷积核中有负数出现时，会计算邻域内像素值之间的差值。原图中变化明显的地方差值大，变化不明显的地方差值小，最终在特征图中突出的是边缘信息（或称梯度信息）。

图 4-11　第三个案例的原图和锐化后的图像

通过上面三个案例，可以加深读者对卷积核的认知。

# 4.2　卷积神经网络的基本结构

本节介绍卷积神经网络的基本结构。CNN 通常包括输入层、卷积层（Convolutional Layer）、池化层（Pooling Layer）、全连接层及输出层。每一层都有各自的用途。输入层用于输入数据；卷积层使用卷积核进行特征提取和特征映射；池化层用来进行下采样，对特征图进行稀疏处理，以减少数据运算量；全连接层通常在 CNN 的尾部进行重新拟合，以减少特征信息的损失；输出层用于输出结果。当然，还可以根据实际需要，增加其他功能层（如归一化层）。

## ⊚ 4.2.1 卷积层

卷积层要用到卷积方法。在 TensorFlow 中，常用的卷积方法为 tf.nn.conv2d()，这也是推荐新手使用的方法。它的使用方式如下：

```
conv2d=tf.nn.conv2d(input , kernel , strides = [1,1,1,1] , padding = 'SAME')
```

该方法的参数见表 4-1。

表 4-1　tf.nn.conv2d()方法的参数

| 参数 | 说明 |
| --- | --- |
| input | 输入图像，即待处理的图像张量 |
| kernel | 卷积核 |
| strides | 跨度 |
| padding | 边界填充方式 |

想要掌握 tf.nn.conv2d()方法的卷积过程，必须先了解图像张量的形状和卷积核的形状，这非常重要。在 TensorFlow 中，数字图像作为张量有指定的形状，一般是 4 维 NHWC 格式，按[batch,height,width,channel]排列，其中每个维度的含义如下。

（1）batch 表示一次处理的图像数量。

（2）height 为图像高度。

（3）width 为图像宽度。

（4）channel 为图像通道数，RGB 彩图是 3 通道的，灰度图或黑白二值图是单通道的。

例如，某个图像张量的形状为[1,5,5,3]，其含义是输入一幅图像，高 5 像素，宽 5 像素，包含 3 个通道。

TensorFlow 中将卷积核的形状规定为[kernel_height, kernel_width, in_channels, out_channels]，4 个维度分别表示卷积核高度、卷积核宽度、输入通道数、输出通道数。需要注意的是，卷积核的第三维（输入通道数）和图像张量的第四维（图像通道数）是一样的。另外，卷积核的输出通道数也代表卷积核个数。程序会用每一个卷积核对图像做卷积操作,所以有几个输出通道就有几个卷积核,也就有几个卷积后的输出特征矩阵。

下面举例说明如何求出输入张量和卷积核张量的卷积结果。

首先用如下代码创建一个 4 维图像张量,形状为[2,5,5,1],代表输入两幅图像,高度和宽度均为 5 像素,单通道。

```
input_batch = tf.constant(
    [
        [
            [[9.0], [9.0], [9.0], [9.0], [9.0]],
            [[9.0], [9.0], [9.0], [9.0], [9.0]],
            [[9.0], [9.0], [9.0], [9.0], [9.0]],
            [[9.0], [9.0], [9.0], [9.0], [9.0]],
            [[9.0], [9.0], [9.0], [9.0], [9.0]]
        ],
        [
            [[9.0], [9.0], [9.0], [9.0], [9.0]],
            [[18.0], [18.0], [18.0], [18.0], [18.0]],
            [[27.0], [27.0], [27.0], [27.0], [27.0]],
            [[36.0], [36.0], [36.0], [36.0], [36.0]],
            [[45.0], [45.0], [45.0], [45.0], [45.0]]
        ]
    ]
)
```

然后用下面的代码创建卷积核张量,也是 4 维,其形状为[3,3,1,2],即卷积核尺寸为 3×3,输入张量为单通道,输出张量为 2 通道(有 2 个卷积核,对每幅输入图像卷积后生成 2 幅特征图)。卷积核 1 和卷积核 2 如图 4-12 所示。卷积核 1 的作用是求平均值,即用 3×3 邻域内像素点的平均值作为特征图相应位置的像素值。卷积核 2 的作用是保持中心点像素值不变。

```
kernel = tf.constant(
    [
        [[[1/9, 0]], [[1/9, 0]], [[1/9, 0]]],
        [[[1/9, 0]], [[1/9, 1]], [[1/9, 0]]],
        [[[1/9, 0]], [[1/9, 0]], [[1/9, 0]]]
    ]
)
```

| 1/9 | 1/9 | 1/9 |
|-----|-----|-----|
| 1/9 | 1/9 | 1/9 |
| 1/9 | 1/9 | 1/9 |

| 0 | 0 | 0 |
|---|---|---|
| 0 | 1 | 0 |
| 0 | 0 | 0 |

图 4-12　卷积核 1 和卷积核 2

本例完整代码如下：

```
import tensorflow as tf
input_batch = tf.constant(
    [
        [
            [[9.0], [9.0], [9.0], [9.0], [9.0]],
            [[9.0], [9.0], [9.0], [9.0], [9.0]],
            [[9.0], [9.0], [9.0], [9.0], [9.0]],
            [[9.0], [9.0], [9.0], [9.0], [9.0]],
            [[9.0], [9.0], [9.0], [9.0], [9.0]]
        ],
        [
            [[9.0], [9.0], [9.0], [9.0], [9.0]],
            [[18.0], [18.0], [18.0], [18.0], [18.0]],
            [[27.0], [27.0], [27.0], [27.0], [27.0]],
            [[36.0], [36.0], [36.0], [36.0], [36.0]],
            [[45.0], [45.0], [45.0], [45.0], [45.0]]
        ]
    ]
)
#print(input_batch.shape)
kernel = tf.constant(
    [
        [[[1/9, 0]], [[1/9, 0]], [[1/9, 0]]],
        [[[1/9, 0]], [[1/9, 1]], [[1/9, 0]]],
        [[[1/9, 0]], [[1/9, 0]], [[1/9, 0]]]
    ]
)
conv2d = tf.nn.conv2d(input_batch, kernel, strides=[1, 1 , 1, 1],
padding='SAME')
sess = tf.Session()
print(sess.run(conv2d))
```

```
print(conv2d)
```

输出结果如下

```
[
  [
    [[ 4., 9.],[ 6., 9.],[ 6., 9.],[ 6., 9.], [ 4., 9.]],
    [[ 6., 9.],[ 9., 9.],[ 9., 9.],[ 9., 9.], [ 6., 9.]],
    [[ 6., 9.],[ 9., 9.],[ 9., 9.],[ 9., 9.], [ 6., 9.]],
    [[ 6., 9.],[ 9., 9.],[ 9., 9.],[ 9., 9.], [ 6., 9.]],
    [[ 4., 9.],[ 6., 9.],[ 6., 9.],[ 6., 9.], [ 4., 9.]],
  ],
  [
    [[ 6., 9.],[ 9., 9.],[ 9., 9.],[ 9., 9.], [ 6., 9.]],
    [[12.,18.],[18.,18.],[18.,18.],[18.,18.],[12.,18.]],
    [[18.,27.],[27.,27.],[27.,27.],[27.,27.],[18.,27.]],
    [[24.,36.],[36.,36.],[36.,36.],[36.,36.],[24.,36.]],
    [[18.,45.],[27.,45.],[27.,45.],[27.,45.],[18.,45.]]
  ]
]
```

输出张量的形状为[2, 5, 5, 2]。第一维是张量数量，值为2，代表有两个特征图张量。因为卷积核是2通道的，每个输入图像张量分别卷积两次得到两幅特征图。第二维和第三维分别为高度和宽度，输出特征图的高度和宽度均为5像素。第四维为输出通道数，值为2，这取决于卷积核个数。也就是说，有两个卷积核，每幅原图就有两幅卷积后的特征图。

tf.nn.conv2d()方法中的参数padding有两种取值：'SAME'和'VALID'。当padding的值为'SAME'时，卷积核的中心可以从图像左上角开始遍历每个像素点，卷积核的覆盖区域可以超出图像边界（图4-13）；对于超出的部分，TensorFlow会用0进行边界填充。一般情况，该参数被设为'SAME'，这样能使输出特征图的尺寸和输入图像一致。当padding的值为'VALID'时，卷积核只能在图像内部，不能越界（图4-14）。注意：选择'VALID'后，输出特征图的尺寸往往比输入图像小。

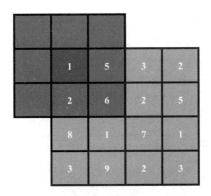

图 4-13 padding 的值为'SAME'

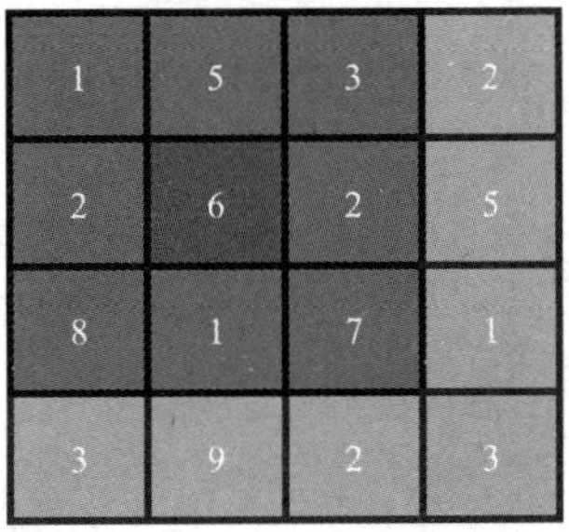

图 4-14 padding 的值为'VALID'

　　输出特征图的数量取决于卷积核的个数，也就是卷积核的输出通道数，与输入图像的通道数无关。例如，输入图像有 3 个通道，卷积核有 6 个通道，这意味着有 6 个不同的卷积核。每个卷积核与输入图像的所有通道分别进行卷积，然后将结果相加得到一幅特征图。这样，6 个卷积核就对应 6 幅输出特征图。相关代码如下：

```
import tensorflow as tf
input_batch = tf.constant(
    [[[[1., 2., 3.], [1., 2., 3.], [1., 2., 3.], [1., 2., 3.], [1.,
2., 3.]],
        [[1., 2., 3.], [1., 2., 3.], [1., 2., 3.], [1., 2., 3.], [1., 2.,
3.]],
        [[1., 2., 3.], [1., 2., 3.], [1., 2., 3.], [1., 2., 3.], [1., 2.,
3.]],
        [[1., 2., 3.], [1., 2., 3.], [1., 2., 3.], [1., 2., 3.], [1., 2.,
3.]],
        [[1., 2., 3.], [1., 2., 3.], [1., 2., 3.], [1., 2., 3.], [1., 2.,
3.]]]]
```

```
    )
    kernel = tf.constant(
        [[[0., 0.], [0., 0.], [0., 0.]], [[0., 0.], [0., 0.], [0., 0.]],
[[0., 0.], [0., 0.], [0., 0.]]],
        [[[0., 0.], [0., 0.], [0., 0.]], [[1., 1.], [1., 1.], [1., 1.]],
[[0., 0.], [0., 0.], [0., 0.]]],
        [[[0., 0.], [0., 0.], [0., 0.]], [[0., 0.], [0., 0.], [0., 0.]],
[[0., 0.], [0., 0.], [0., 0.]]]]
    )
    conv2d = tf.nn.conv2d(input_batch, kernel, strides=[1, 1, 1, 1],
padding='SAME')
    sess = tf.Session()
    print(sess.run(conv2d))
    print(conv2d.shape)
```

打印出来的特征图形状为[1, 5, 5, 2]。卷积结果如下：

```
[[[[6., 6.], [6., 6.], [6., 6.], [6., 6.], [6., 6.]],
  [[6., 6.], [6., 6.], [6., 6.], [6., 6.], [6., 6.]],
  [[6., 6.], [6., 6.], [6., 6.], [6., 6.], [6., 6.]],
  [[6., 6.], [6., 6.], [6., 6.], [6., 6.], [6., 6.]],
  [[6., 6.], [6., 6.], [6., 6.], [6., 6.], [6., 6.]]]]
```

tf.nn.conv2d()方法中的参数 strides 表示跨度，修改跨度可以对输入张量进行降维，从而减少运算量，并且可以避免创建一些完全重叠的感受野。跨度也是张量，它的形状描述为[image_batch_size_stride,image_height_stride, image_width_stride,image_channels_stride ]，4 个维度分别表示序号跨度、高度方向跨度、宽度方向跨度和通道跨度。

以 strides=[1, 1, 1, 1]为例。第一维是序号跨度，值为 1，即遍历每幅图像；第二维是高度方向跨度，值为 1，即在高度方向遍历每个像素点；第三维是宽度方向跨度，值为 1，即在宽度方向遍历每个像素点；第四维是通道跨度，值为 1，即遍历每个图像通道。

一般来讲，神经网络中的卷积层采用跨度 strides=[1, 1, 1, 1]，并且 padding='SAME'，这样卷积后得到的特征图的宽度和高度与输入图像完全一样。而对于后面要讲到的池化层，往往采用 strides=[1, 2, 2, 1]，读者可以思考一下输出张量的宽度和高度会有什么变化。

### 4.2.2　池化层

CNN 的卷积层后面往往有一个池化层。TensorFlow 提供了 tf.nn.max_pool()方法，用于对卷积层的输出特征图实现最大池化。池化层的作用是根据池化窗口的大小，只保留相应区域内的最大值，在保留显著特征的同时实现下采样，对特征图进行稀疏处理，缩小图片尺寸，减少数据运算量。

tf.nn.max_pool()方法的原型如下：tf.nn.max_pool(input, ksize, strides, padding)。它有 4 个参数，各参数的说明见表 4-2。该方法的返回值为一个张量，形状是[batch, height, width, channels]。

表 4-2　tf.nn.max_pool()方法的参数

| 参数 | 说明 |
|---|---|
| input | 输入张量，一般是上一层（卷积层）的输出特征图，形状为[batch, height, width, channels] |
| ksize | 池化窗口的大小，形状为[batch, height, width, channels]，典型值为[1,2,2,1] |
| strides | 池化窗口在每个维度上滑动的跨度，形状为[batch, height, width, channels]，典型值为[1,2,2,1] |
| padding | 和卷积方法类似，可以取'VALID' 或者'SAME' |

下面举例说明池化过程。有一个 2 通道的图像张量，通道 1 和通道 2 如图 4-15 所示，用 tf.nn.max_pool(a, [1, 2, 2, 1], [1, 2, 2, 1], padding='VALID')对此张量进行最大池化。

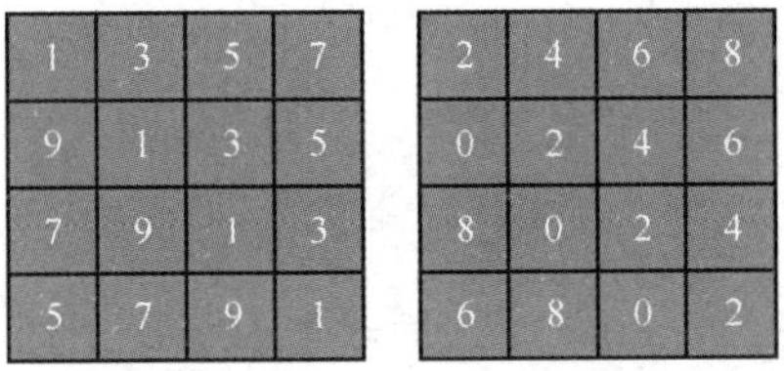

图 4-15　通道 1 和通道 2

通道 1 的池化过程如下：用 2×2 的池化窗口在输入图像上滑动，横向和纵向的跨度都是 1 像素，找出每个池化窗口内的最大值（图 4-16）。

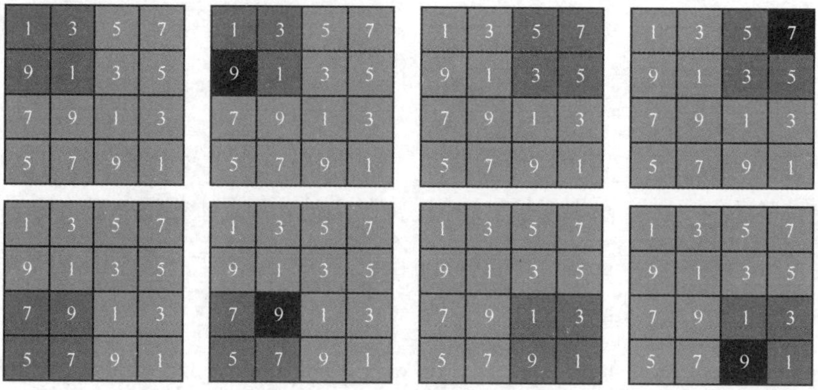

图 4-16　找出每个池化窗口内的最大值

滑动结束后，得到通道 1 的池化结果，如图 4-17 所示。可以看出，该结果在保留原图显著特征的同时，缩小了图片的尺寸。

以此类推，通道 2 的池化结果如图 4-18 所示。

图 4-17　通道 1 的池化结果 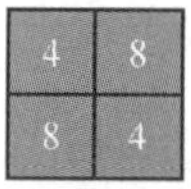　　　　图 4-18　通道 2 的池化结果

相关代码如下：

```
#最大池化
import tensorflow as tf

a=tf.constant([[[[1., 2.],[3., 4.],[5., 6.],[7., 8.]],
          [[9., 0.],[1., 2.],[3., 4.],[5., 6.]],
          [[7., 8.],[9., 0.],[1., 2.],[3., 4.]],
          [[5., 6.],[7., 8.],[9., 0.],[1., 2.]]]])
pooling = tf.nn.max_pool(a, [1, 2, 2, 1], [1, 2, 2, 1], padding='VALID')
with tf.Session() as sess:
    print(sess.run(a))
    print("max_pool result:")
    print( sess.run(pooling))
```

代码运行结果如下：

```
max_pool result:
```

```
[[[[9. 4.]
   [7. 8.]]
  [[9. 8.]
   [9. 4.]]]]
```

# 4.3 树叶识别案例

## ◈ 4.3.1 样本集简介

本节通过一个树叶识别案例来看看如何用 TensorFlow 搭建完整的卷积神经网络，实现图像分类的目的。这些树叶样本由来自云南昆明的植物研究者采集（图 4-19），它们大多采集自国内外偏远的山林，用塔吊等工具收集而来，然后扫描成电子图片。为降低难度，这里挑选其中 5 种树叶进行分类识别（图 4-20）。表 4-3 中列出了存放这 5 种树叶图片的文件夹和对应的树种。

图 4-19 野外采集树叶样本

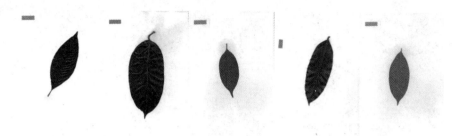

图 4-20　5 种树叶

表 4-3　存放图片的文件夹与对应的树种

| 文件夹 | 树种 |
| --- | --- |
| 文件夹 1 | 青藤公 |
| 文件夹 2 | 版纳柿 |
| 文件夹 3 | 绒毛番龙眼 |
| 文件夹 4 | 毛叶榄 |
| 文件夹 5 | 望天树 |

## 4.3.2　卷积层

准备好样本集后，就可以用卷积神经网络实现图片分类，下面分段对代码进行详细解释。首先看卷积层代码。第一段代码如下：

```
# ------------------构建网络----------------------
# 占位符
x = tf.placeholder(tf.float32, shape=[None, w, h, c], name='x')
y_ = tf.placeholder(tf.int32, shape=[None, ], name='y_')
```

这段代码定义了两个占位符 x 和 y_，分别用来接收输入图像和模型预测值。

输入图像的形状为[None, h, w, c]，第一个维度代表一次处理的图像数量，其值为 None 时，表示数值可变；第二个和第三个维度是图像的高度、宽度；第四个维度为通道数。

第二段代码如下：

```
#定义inference()方法
def inference(input_tensor, train, regularizer):
```

```
with tf.variable_scope('layer1-conv1'):
    conv1_weights = tf.get_variable("weight", [5, 5, 3, 32],
initializer=
    tf.truncated_normal_initializer(stddev=0.1))
    conv1_biases = tf.get_variable("bias", [32], initializer=
    tf.constant_initializer(0.0))
    conv1 = tf.nn.conv2d(input_tensor, conv1_weights, strides=
[1, 1, 1, 1], padding='SAME')
    relu1 = tf.nn.relu(tf.nn.bias_add(conv1, conv1_biases))
    #激活函数
    #100×100的3通道图像卷积后得到32幅100×100的特征图
```

下面详细解释代码中每个方法的作用。

```
tf.variable_scope('layer1-conv1',reuse=None)
```

tf.get_variable()方法用来获取或创建变量形式的张量，而 tf.variable_scope()方法可以控制 tf.get_variable()方法的语义范围。tf.variable_scope()方法的第一个参数是变量范围的名称，第二个参数的取值见表 4-4。

表 4-4    tf.variable_scope()方法第二个参数的取值

| 取值 | 作用 |
| --- | --- |
| reuse=True | 在创建的上下文管理器中，tf.get_variable()方法会直接获取已经创建的变量，如果变量不存在则报错 |
| reuse=False 或者 None | 在创建的上下文管理器中，tf.get_variable()方法会直接创建新的变量，若同名的变量已经存在则报错 |

```
conv1_weights = tf.get_variable("weight", [5, 5, 3, 32],initializer=
tf.truncated_normal_initializer(stddev=0.1))
```

上述代码定义了张量 conv1_weights，形状为[5, 5, 3, 32]，按标准差为 0.1 的截断正态分布来初始化。注意：默认标准差是 1，均值是 0。前后两层神经元之间满足类似于 $Y=WX+b$ 这样的关系。对于卷积神经网络，首先，特征张量 $Y$ 与输入张量 $X$ 之间并不是全连接关系，也不是一对一的关系。$Y$ 的每个元素值是由 $X$ 的感受野内的所有元素决定的。其次，权重 $W$ 以卷积核的形式存在，表明感受野的大小和对应的权重。最后，权重 $W$ 是共用的，也就是说 $Y$ 的每个元素虽然由对应输入张量 $X$ 的不同感受野决定，但感受野的大小和权重关系是相同的。

```
conv1_biases = tf.get_variable("bias", [32],
```

```
initializer=tf.constant_initializer(0.0))
```

上述代码生成初始值为常量 0.0 的张量 conv1_biases，形状为[32]，这个张量就是 $Y=WX+b$ 中的偏置量 $b$。

```
conv1 = tf.nn.conv2d(input_tensor, conv1_weights, strides=[1, 1, 1,
1], padding=
    'SAME')
```

上述代码用 tf.nn.conv2d() 方法实现卷积。

```
tf.nn.bias_add(conv1, conv1_biases)
```

上述代码的作用是将偏置量加到卷积后的张量中。

```
relu1 = tf.nn.relu(tf.nn.bias_add(conv1, conv1_biases))
```

relu 称为激活函数。为什么要用激活函数呢？如果不用激活函数，则每层输出都是上层输入的线性函数，无论神经网络有多少层，输出都是输入的线性组合。如果使用激活函数，就会给神经元引入非线性因素，使神经网络可以逼近任意非线性函数，这样神经网络就可以应用到众多的非线性模型中。relu 函数曲线如图 4-21 所示。

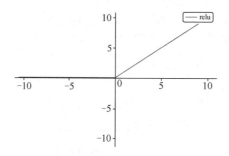

图 4-21　relu 函数曲线

最后，形状为[64,100,100,3]的输入图像经过第一次卷积激活后，变成形状为[64,100,100,32]的特征图，也就是每幅输入图像对应 32 幅特征图。

### 4.3.3　池化层

卷积层后面紧跟一个池化层，代码如下：

```
with tf.name_scope("layer2-pool1"):
    pool1 = tf.nn.max_pool(relu1, ksize=[1, 2, 2, 1], strides=[1, 2, 2,
1], padding=
```

```
                 "VALID")
```

（1）tf.nn.max_pool()对上一层输出的 relu1 做最大池化处理。

（2）ksize = [1, 2, 2, 1]表示池化窗口为 2×2 的单通道张量，即 2×2 邻域内取最大值，作为输出特征。

（3）strides = [1, 2, 2, 1]，第一维和第四维都是 1，表示不会略过任何一幅图像，以及图像的任何一个通道。第二维和第三维都是 2，表示在高度和宽度方向上跨度为 2，意味着输出特征图的宽度和高度将缩小为原图的一半。

最终，形状为[64,100,100,32]的上层卷积特征图,经过池化后变成形状为[64,50,50,32]的特征图，既缩小了图片尺寸，又保留了明显特征。

接下来进行第二次卷积池化，代码如下：

```
     with tf.variable_scope("layer3-conv2"):
     conv2_weights = tf.get_variable("weight", [5, 5, 32, 64], initializer=
     tf.truncated_normal_initializer(stddev=0.1))
     conv2_biases = tf.get_variable("bias", [64],
initializer=tf.constant_initializer(0.0))
     conv2 = tf.nn.conv2d(pool1, conv2_weights, strides=[1, 1, 1,
1],padding=
     'SAME')
     relu2 = tf.nn.relu(tf.nn.bias_add(conv2, conv2_biases))
     #64幅50×50的特征图
     with tf.name_scope("layer4-pool2"):
     pool2 = tf.nn.max_pool(relu2, ksize=[1, 2, 2, 1], strides=[1, 2, 2,
1],padding=
     'VALID')
     #64幅25×25的特征图
```

第二次卷积池化的思路和第一次卷积池化基本一致。卷积并不会缩小图片尺寸，但会根据卷积核的数量改变输出通道数。形状为[64,50,50,32]的输入张量经过卷积后变成形状为[64,50,50,64]的特征张量，加上偏置量以后，再进行最大池化，得到形状为[64,25,25,64]的特征图张量。

第三次卷积池化的代码如下：

```
     with tf.variable_scope("layer5-conv3"):
     conv3_weights = tf.get_variable("weight", [3, 3, 64, 128],
initializer=
```

```
tf.truncated_normal_initializer(stddev=0.1))
conv3_biases = tf.get_variable("bias", [128], initializer=
tf.constant_initializer(0.0))
conv3 = tf.nn.conv2d(pool2, conv3_weights, strides=[1, 1, 1, 1],
padding=
'SAME')
relu3 = tf.nn.relu(tf.nn.bias_add(conv3, conv3_biases))
#128张25×25的特征图
with tf.name_scope("layer6-pool3"):
pool3 = tf.nn.max_pool(relu3, ksize=[1, 2, 2, 1], strides=[1, 2, 2,
1], padding=
'VALID')
```

第三次卷积池化的思路与前面基本一致。形状为[64,25,25,64]的输入张量经过卷积后变成形状为[64,25,25,128]的特征张量，加上偏置量以后，再进行最大池化，得到形状为[64,12,12,128]的特征图张量。

注意，高度和宽度是这样计算得到的：$(25-1) \div 2 = 12$。

第四次只进行池化，代码如下：

```
with tf.name_scope("layer8-pool4"):
pool4 = tf.nn.max_pool(relu4, ksize=[1, 2, 2, 1], strides=[1, 2, 2,
1], padding=
'VALID')
nodes = 6 * 6 * 128
reshaped = tf.reshape(pool4, [-1, nodes])
```

通过最大池化，将形状为[64,12,12,128]的图像张量，变成形状为[64,6,6,128]的张量。nodes = 6 * 6 * 128 用于计算单幅图像所有通道的像素点总数。reshaped = tf.reshape(pool4, [-1, nodes])中的-1 表示不用指定该维度的大小，函数会自动进行计算。第二维 nodes 表示节点数，这里是 4609，所以第一维是 64。这段代码通过 tf.reshape() 方法，将形状为[64,6,6,128]的张量变形为[64,4609]。

### ⊙ 4.3.4 全连接层

全连接层代码如下：

```
with tf.variable_scope('layer9-fc1'):
#fc1_weights是一个矩阵，有4608行和1024列
```

```
    fc1_weights = tf.get_variable("weight", [nodes, 1024], initializer=
    tf.truncated_normal_initializer(stddev=0.1))
    if regularizer != None: tf.add_to_collection('losses',
regularizer(fc1_weights))
    fc1_biases = tf.get_variable("bias", [1024],
initializer=tf.constant_initializer(0.1))
    fc1 = tf.nn.relu(tf.matmul(reshaped, fc1_weights) +
fc1_biases)#Y=WX+b
    if train: fc1 = tf.nn.dropout(fc1, 0.5)
    with tf.variable_scope('layer10-fc2'):
    fc2_weights = tf.get_variable("weight", [1024, 512], initializer=
    tf.truncated_normal_initializer(stddev=0.1))
    if regularizer != None: tf.add_to_collection('losses',
regularizer(fc2_weights))
    fc2_biases = tf.get_variable("bias", [512],
initializer=tf.constant_initializer(0.1))
    fc2 = tf.nn.relu(tf.matmul(fc1, fc2_weights) + fc2_biases)
    if train: fc2 = tf.nn.dropout(fc2, 0.5)
    with tf.variable_scope('layer11-fc3'):
    fc3_weights = tf.get_variable("weight", [512, 5], initializer=
    tf.truncated_normal_initializer(stddev=0.1))
    if regularizer != None: tf.add_to_collection('losses',
regularizer(fc3_weights))
    fc3_biases = tf.get_variable("bias", [5],
initializer=tf.constant_initializer(0.1))
    logit = tf.matmul(fc2, fc3_weights) + fc3_biases
    #得到1行5列的数组，对应5分类结果
    return logit
```

下面对全连接层代码进行详细解释。

```
    fc1_weights = tf.get_variable("weight", [nodes, 1024],
initializer=tf.truncated_normal_initializer(stddev=0.1))
        if regularizer != None: tf.add_to_collection('losses',
regularizer(fc1_weights))
```

上述代码用于创建或获取全连接权重张量 fc1_weights，用标准差为 0.1 的截断正态分布对它进行初始化。如有需要，可通过 regularizer(fc1_weights)对 fc1_weights 进行正则化。后面会对正则化单独进行讲解。

```
    fc1_biases = tf.get_variable("bias", [1024],
initializer=tf.constant_initializer(0.1))
```

上述代码用于创建或获取偏置量 fc1_biases，用常量 0.1 对其进行初始化。

```
fc1 = tf.nn.relu(tf.matmul(reshaped, fc1_weights) + fc1_biases)
```

上述代码实现的是公式 $Y=WX+b$。通过 tf.matmul() 进行矩阵乘法运算，加上偏置量，得到 $Y=WX+b$ 的计算结果，并用 tf.nn.relu() 进行激活。

形状为[64,4609]的输入张量 reshaped，与形状为[4609,1024]的权重张量 fc1_weights 相乘，会得到形状为[64,1024]的张量。由此可以看出，经过一次全连接后，张量形状变小了。

```
if train: fc1 = tf.nn.dropout(fc1, 0.5)
```

tf.nn.dropout() 经常被用在全连接层，作用是通过在训练过程中随机扔掉一部分神经元，达到防止过拟合的目的。

'layer10-fc2'层代码如下：

```
with tf.variable_scope('layer10-fc2'):
fc2_weights = tf.get_variable("weight", [1024, 512],
initializer=tf.truncated_normal_initializer(stddev=0.1))
    if regularizer != None: tf.add_to_collection('losses',
regularizer(fc2_weights))
    fc2_biases = tf.get_variable("bias", [512],
initializer=tf.constant_initializer(0.1))
    fc2 = tf.nn.relu(tf.matmul(fc1, fc2_weights) + fc2_biases)
    if train: fc2 = tf.nn.dropout(fc2, 0.5)
```

该层同样通过 $Y=WX+b$，实现了形状为[64,1024]的输入张量与形状为[1024, 512]的权重张量相乘，结果的形状是[64,512]。该层同样用到了正则化方法、relu 激活函数、和防止过拟合的方法。

'layer11-fc3'层代码如下：

```
with tf.variable_scope('layer11-fc3'):
fc3_weights = tf.get_variable("weight", [512, 5],initializer=
tf.truncated_normal_initializer(stddev=0.1))
    if regularizer != None: tf.add_to_collection('losses',
regularizer(fc3_weights))
    fc3_biases = tf.get_variable("bias", [5],
initializer=tf.constant_initializer(0.1))
    logit = tf.matmul(fc2, fc3_weights) + fc3_biases
    #得到1行5列的数组，对应5分类结果
```

```
return logit
```

最后一层实现了形状为[64,512]的张量与形状为[512,5]的张量相乘，得到形状为[64,5]的结果。至此，网络搭建结束。

### 4.3.5 正则化

在上一节的代码中出现了正则化方法。在训练深度学习网络时，正则化方法是防止过拟合的一个重要方法。在训练集样本比较少的情况下，通过训练去约束变量过多的模型，就会发生过拟合。发生过拟合时，模型能很好地拟合训练数据，但在测试数据上表现很差。下面通过对比几种模型预测情况，进一步加深对过拟合的认识。

情况 1：模型过于简单。当模型过于简单时，预测准确率不是很高，如图 4-22 所示。

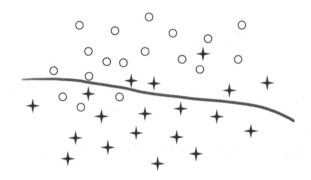

图 4-22　简单模型预测准确率低

情况 2：发生过拟合。发生过拟合时，模型过于适应样本数量有限的训练集，而在测试集上出现较多的预测错误，如图 4-23 所示。

情况 3：合理的模型。合理的模型应该同时具有较高的训练和预测准确率，如图 4-24 所示。

图 4-23    发生过拟合时出现预测错误

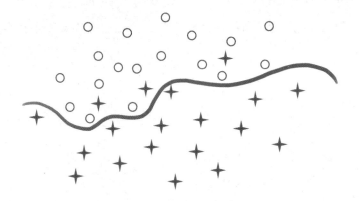

图 4-24    合理的模型同时具有较高的训练和预测准确率

过拟合问题通常发生在模型变量（特征）过多，而训练数据少的情况下。在这种情况下训练出的模型总是能很好地拟合训练数据，也就是说，损失函数可能非常接近 0 或者就为 0。但是，这样的模型无法泛化到新的数据样本中，以至于无法很好地预测新样本。

如果发生了过拟合问题，应该如何处理呢？导致过拟合的原因有两个：一是有过多的模型变量（特征），二是训练数据非常少。针对这两个原因，有以下两个解决方法：一是减少特征数量，二是正则化。

在正则化过程中将保留所有的特征变量，但是会降低特征变量的数量级。具体方法是，在模型的损失函数中加入刻画模型复杂度的指标。神经网络中的参数包括权重和偏置量，而复杂度只由权重决定。

常用的刻画模型复杂度的函数有两种，一种是 L1 正则化，另一种是 L2 正则化，具体如下所示。

L1 正则化：
$$R(w) = \|w\|_1 = \sum_i |w_i|$$

L2 正则化：
$$R(w) = \|w\|_2^2 = \sum_i |w_i^2|$$

这两种函数都通过限制权重的大小，使模型不能随意拟合训练数据中的随机噪声。它们的区别如下：首先，L1 正则化会让参数变得稀疏（会有更多参数变为 0），而 L2 正则化则不会（因为计算平方后会让小的参数变得更小，大的参数变得更大，同样起到了特征提取的作用，而不会让参数变为 0）；其次，L1 正则化损失函数不可导，而 L2 正则化损失函数可导。

L2 正则化对应 tf.contrib.layers.l2_regularizer() 方法，它对每层模型的权重进行正则化，并添加到模型的损失中。这样训练模型时就会根据损失反过来限制权重。具体代码如下：

```
    if regularizer != None: tf.add_to_collection('losses',
regularizer(fc1_weights))
    #返回一个function, 0.0001正则化项的权重
    regularizer = tf.contrib.layers.l2_regularizer(0.0001)
```

在训练深度神经网络时，dropout 也是减少过拟合的一种方法。在每个训练批次中，通过忽略一半的特征检测器（让一半的隐层节点值为 0），可以明显地减少过拟合现象。这种方法可以减少特征检测器（隐层节点）间的相互作用，这里的相互作用是指某些检测器必须依赖其他检测器才能发挥作用。

简单地说，dropout 方法就是在前向传播时，让某个神经元的激活值以一定的概率停止工作，这样可以使模型泛化性更强，因为它不会过于依赖某些局部特征。如图 4-25 所示，左侧为标准神经网络，右侧为部分神经元被临时忽略后的神经网络。

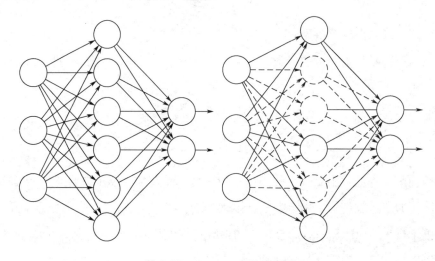

图 4-25  dropout 方法示意图

## 4.3.6  其他部分的代码

本节介绍树叶识别案例其他部分的代码。

第一部分代码如下：

```
from skimage import io, transform
import glob
import os
import tensorflow as tf
import numpy as np
import time


# 数据集地址
path = 'C:/Users/zq/input_data/input_data/'
# 模型保存地址
model_path = 'C:/Users/zq/Desktop/save/model.ckpt'
# 将所有的图片设置成100×100，通道数为3
w = 100
h = 100
c = 3


# 读取图片
def read_img(path):
    cate = [path + x for x in os.listdir(path) if os.path.isdir(path
```

```
+ x)]
        imgs = []
        labels = []
        for idx, folder in enumerate(cate):
            for im in glob.glob(folder + '/*.jpg'):
                print('reading the images:%s' % (im))
                img = io.imread(im)
                img = transform.resize(img, (w, h))
                imgs.append(img)
                labels.append(idx)
        return np.asarray(imgs, np.float32), np.asarray(labels, np.int32)
    data, label = read_img(path)
```

代码解释如下。

（1）os.listdir()方法用于返回指定文件夹包含的文件或文件夹的名称列表。cate = [path + x for x in os.listdir(path) if os.path.isdir(path + x)]表示遍历 path 路径下的所有文件夹。

（2）enumerate()方法用于将一个可遍历的数据对象（如列表、元组或字符串）组合为一个索引序列，同时列出数据和数据下标，一般用在 for 循环中。下面的代码将 cate 对象中保存的文件夹序号和文件夹分别赋给 idx 和 folder。

```
for idx, folder in enumerate(cate)
```

（3）glob 是 Python 自带的一个文件操作模块，可以用它查找符合条件的文件。glob 模块中的主要方法就是 glob()，该方法返回所有匹配的文件路径列表。该方法需要一个参数来指定需要匹配的路径字符串（字符串可以是绝对路径，也可以是相对路径），其返回的结果只包括当前目录下的文件名，不包括子文件夹中的文件。

```
for im in glob.glob(folder + '/*.jpg')
```

上述代码的作用是遍历文件夹中每一个 JPG 格式的图片文件。

（4）下面的代码调用 read_img()方法，读取 path 路径下的图片和相应标签，分别赋给 data 和 label。

```
data, label = read_img(path)
```

整段代码的含义：首先，定义 read_img()方法，遍历 path 路径下每个文件夹，获取文件夹路径和序号；然后，遍历每个文件夹下的 JPG 图片，将图片尺寸调整为 100×100；

最后，把图片放到 imgs 数组中，将文件夹序号放到 labels 数组中作为图片的标签。

第二部分代码如下：

```
# 打乱顺序
num_example = data.shape[0]
arr = np.arange(num_example)
np.random.shuffle(arr)
data = data[arr]
label = label[arr]
# 将所有数据分为训练集和验证集
ratio = 0.8
s = np.int(num_example * ratio)
x_train = data[:s]
y_train = label[:s]
x_val = data[s:]
y_val = label[s:]
```

代码解释如下。

```
num_example = data.shape[0]
```

在上述代码中，**data** 中存放的是图片，**data.shape[0]**是其中第 0 维，表示总共有多少图片。num_example 是图片样本集中的样本数量。

```
arr = np.arange(num_example)
```

在上述代码中，按样本数量生成 0, 1, 2,…,(num_example-1)的序列。

```
np.random.shuffle(arr)
```

上述代码的作用是打乱序列顺序。

```
data = data[arr]
label = label[arr]
```

上述代码的作用是按打乱的顺序重新排列存放图片样本集的 data 和存放标签的 label。

```
ratio = 0.8
s = np.int(num_example * ratio)
```

在上述代码中，ratio 表示是比率，取 0.8。将样本总数乘以 0.8 作为整数 s 的值。

```
x_train = data[:s]
y_train = label[:s]
```

上述代码的作用是取样本集前 80%作为训练集及其标签。

```
x_val = data[s:]
```

```
    y_val = label[s:]
```

上述代码的作用是取样本集后 20% 作为验证集及其标签。

第三部分代码如下：

```
    #通过正则化减少过拟合
    regularizer = tf.contrib.layers.l2_regularizer(0.0001)
    logits = inference(x, False, regularizer)
    #将logits乘以1赋给logits_eval，定义name
    b = tf.constant(value=1, dtype=tf.float32)
    logits_eval = tf.multiply(logits, b, name='logits_eval')
    loss = tf.nn.sparse_softmax_cross_entropy_with_logits(logits=logits,
labels=y_)
    #优化器
    train_op = tf.train.AdamOptimizer(learning_rate=0.0001).
minimize(loss)
    correct_prediction = tf.equal(tf.cast(tf.argmax(logits, 1),
tf.int32), y_)
    acc = tf.reduce_mean(tf.cast(correct_prediction, tf.float32))
```

代码解释如下。

```
    regularizer = tf.contrib.layers.l2_regularizer(0.0001)
```

在上述代码中，定义 regularizer 为正则化方法 tf.contrib.layers.l2_regularizer()。通过正则化来避免过拟合现象。

```
    logits = inference(x, False, regularizer)
```

上述代码的作用是定义预测值节点。inference() 的第二个参数表示是否训练，此处取 False；第三个参数表示是否正则化，此处取 regularizer。

```
    b = tf.constant(value=1, dtype=tf.float32)
    logits_eval = tf.multiply(logits, b, name='logits_eval')
    loss = tf.nn.sparse_softmax_cross_entropy_with_logits(logits=logits,
labels=y_)
```

这段代码定义了常量 b，值为 1。logits_eval 等于常量 b 与 logits（预测概率）的乘积。当然还等于 logits，重点是起了个名字叫'logits_eval'。通过 tf.nn.sparse_softmax_cross_entropy_with_logits(logits=logits, labels=y_) 方法计算损失，比较的是预测值与标签（实际值）之间的交叉熵，并且用 softmax 做了归一化。

```
    #优化器
    train_op =
```

```
tf.train.AdamOptimizer(learning_rate=0.0001).minimize(loss)
    correct_prediction = tf.equal(tf.cast(tf.argmax(logits, 1),
tf.int32), y_)
    acc = tf.reduce_mean(tf.cast(correct_prediction, tf.float32))
```

上述代码采用 tf.train.AdamOptimizer 优化器，学习率设为 0.0001，优化目标是使损失最小化。tf.argmax(logits, 1)为 5 分类问题的 5 个预测概率中最大的那个所对应的下标，下标用 tf.cast()进行强制类型转换。用 tf.equal()比较当前批次 64 张图片的预测下标值与实际值 y_是否相等，将比较的结果赋给 correct_prediction。

```
    acc = tf.reduce_mean(tf.cast(correct_prediction, tf.float32))
```

上述代码对 correct_prediction 进行强制类型转换，然后求出当前批次 64 张图片的平均预测准确率。

第四部分代码如下：

```
#定义一个函数，按批次取数据
def minibatches(inputs=None, targets=None, batch_size=None,
shuffle=False):
    assert len(inputs) == len(targets)
    if shuffle:
        indices = np.arange(len(inputs))
        np.random.shuffle(indices)
    for start_idx in range(0, len(inputs) - batch_size + 1, batch_size):
        if shuffle:
            excerpt = indices[start_idx:start_idx + batch_size]
        else:
            excerpt = slice(start_idx, start_idx + batch_size)
        yield inputs[excerpt], targets[excerpt]
```

代码解释如下。

```
    assert len(inputs) == len(targets)
```

assert 语句用来声明某个条件是真的，如果该条件非真，则会引发一个错误。

```
    if shuffle:
        indices = np.arange(len(inputs))
        np.random.shuffle(indices)
```

在上述代码中，用 np.arange()函数返回一个有终点和起点的固定步长的序列，终点是 len(inputs)，也就是训练集的长度。接下来，初始化索引 indices，然后用 np.random.shuffle(indices)打乱索引顺序。

```
for start_idx in range(0, len(inputs) - batch_size + 1, batch_size):
    if shuffle:
        excerpt = indices[start_idx:start_idx + batch_size]
    else:
        excerpt = slice(start_idx, start_idx + batch_size)
    yield inputs[excerpt], targets[excerpt]
```

for start_idx in range(0, len(inputs) - batch_size + 1, batch_size)实现了用 for 循环遍历样本，循环计数变量初始值为 0，终值为输入图片集总长度减去每批次长度再加 1。每循环一次，计数变量自增 batch_size。

```
    if shuffle:
        excerpt = indices[start_idx:start_idx + batch_size]
```

如果需要打乱顺序，则从已打乱顺序的索引 indices 中选取一段，从 start_idx 开始（它的初始值为 0），取 batch_size 个。也就是从 0 开始，一段一段取，每次取 batch_size 个。用 for 循环，每循环一次，就从已打乱顺序的 indices 中从前往后取 batch_size 个，赋给 excerpt。

```
    else:
        excerpt = slice(start_idx, start_idx + batch_size)
```

如果不需要打乱顺序，则用 slice 方法切片，从 0 开始，一段一段取，每次取 batch_size 个。用 for 循环，每循环一次，就按顺序从前往后取 batch_size 个，赋给 excerpt。

```
    yield inputs[excerpt], targets[excerpt]
```

上述代码为 minibatches 方法返回已打乱顺序或未打乱顺序的输入集 inputs 和目标值 targets。是否打乱顺序，取决于 excerpt 有没有被打乱顺序。

第五部分代码如下：

```
# 训练和测试数据，可将n_epoch设置得大一些
# 训练次数
n_epoch = 1000
#以64张为一组取图片
batch_size = 64
saver = tf.train.Saver()
sess = tf.Session()
sess.run(tf.global_variables_initializer())
for epoch in range(n_epoch):
    start_time = time.time()
    # training
```

```
        train_loss, train_acc, n_batch = 0, 0, 0
        for x_train_a, y_train_a in minibatches(x_train, y_train,
batch_size, shuffle=True):
            _, err, ac = sess.run([train_op, loss, acc], feed_dict={x:
x_train_a, y_: y_train_a})
            train_loss += err;
            train_acc += ac;
            n_batch += 1
        print("   train loss: %f" % (np.sum(train_loss) / n_batch))
        print("   train acc: %f" % (np.sum(train_acc) / n_batch))
        # validation
        val_loss, val_acc, n_batch = 0, 0, 0
        for x_val_a, y_val_a in minibatches(x_val, y_val, batch_size,
shuffle=False):
            err, ac = sess.run([loss, acc], feed_dict={x: x_val_a, y_:
y_val_a})
            val_loss += err;
            val_acc += ac;
            n_batch += 1
        print("   validation loss: %f" % (np.sum(val_loss) / n_batch))
        print("   validation acc: %f" % (np.sum(val_acc) / n_batch))
    saver.save(sess, model_path)
    sess.close()
```

代码解释如下。

```
batch_size = 64
saver = tf.train.Saver()
sess = tf.Session()
sess.run(tf.global_variables_initializer())
```

在上述代码中，batch_size 为 64，表示每次往模型中输入 64 张图片。接下来，创建会话，并初始化全局变量。

```
for epoch in range(n_epoch):
    start_time = time.time()
    # training
    train_loss, train_acc, n_batch = 0, 0, 0
```

在上述代码中，for 循环计数变量 epoch 从 0 开始增大到 n_epoch（也就是 1000），表示总共循环训练 1000 次。初始化训练损失 train_loss、训练准确率 train_acc、批次计数 n_batch，均初始化为 0。

```
    for x_train_a, y_train_a in minibatches(x_train, y_train,
batch_size, shuffle=True):
        _, err, ac = sess.run([train_op, loss, acc], feed_dict={x:
x_train_a, y_: y_train_a})
        train_loss += err;
        train_acc += ac;
        n_batch += 1
    print("  train loss: %f" % (np.sum(train_loss) / n_batch))
  print("  train acc: %f" % (np.sum(train_acc) / n_batch))
```

上述代码表示通过 for 循环，遍历训练集和标签。通过 sess.run 运行 train_op、loss、acc 三个节点，实现训练、计算损失和准确率。

```
    feed_dict={x: x_train_a, y_: y_train_a}
```

上述代码表示通过字典，将每次循环中的 64 个训练集和标签，送到 x 和 y 两个节点占位符中。

```
    train_loss += err;
    train_acc += ac;
    n_batch += 1
    print("  validation loss: %f" % (np.sum(val_loss) / n_batch))
    print("  validation acc: %f" % (np.sum(val_acc) / n_batch))
```

上述代码表示每循环一次，就累加一次损失、准确率和批次计数变量，并打印出平均损失和平均准确率。

# 第⑤章

# TensorFlow Lite

# 5.1 概述

TensorFlow 可以在多种平台上运行。随着它的广泛应用，出现了在移动终端和嵌入式设备上部署机器学习模型的需求。

此前，通过 TensorFlow Mobile，TensorFlow 已经支持手机上的模型嵌入式部署。2017 年 5 月，谷歌在 I/O 开发者大会上公布了 TensorFlow Lite 项目，旨在为智能手机和嵌入式设备提供轻量级的机器学习解决方案。同年 11 月 15 日，谷歌发布了 TensorFlow Lite 开发者预览版。此后，谷歌一直积极推行 TensorFlow Lite，并从 2019 年开始不再支持 TensorFlow Mobile。

TensorFlow Lite（图 5-1）是 TensorFlow Mobile 的进化版。它可以在移动终端和嵌入式设备上高效运行机器学习模型，因此可以在本地利用这些模型实现分类、回归等功能，而无须和服务器交互。这种方式不仅能够节省网络流量、减少时间开销，而且能够充分保护用户的隐私和敏感信息。

图 5-1 TensorFlow Lite 的图标

正如它的名字"Lite"一样，"轻量级"是谷歌最希望向开发者和用户传递的信息。TensorFlow Lite 的主要特点包括：① 跨平台，它可以在多种不同平台上运行，安卓和 iOS 应用开发者都可以使用；② 快速，它针对移动设备进行了优化，包括快速初始化、快速加载模型，并支持硬件加速。这里的快速是指让不太稳健的设备也能低延时地运行已经训练好的机器学习模型。TensorFlow Lite 专注于将模型的现有功能应用于新数据，而不是从新数据中学习。

# 5.2 如何使用 TensorFlow Lite

### ⊚ 5.2.1 使用步骤

TensorFlow Lite 使用步骤如图 5-2 所示。首先需要一个训练好的 TensorFlow 模型，模型的训练通常在配置高的计算机上完成。接下来进行模型格式转换，将原来的模型格式转换成针对移动设备的模型格式。以安卓应用开发为例，在 Android Studio 中进行 TensorFlow Lite 配置、API 调用，最后利用模型实现移动端的分类预测。

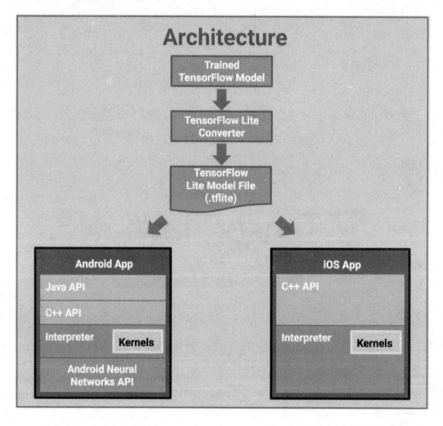

图 5-2 TensorFlow Lite 使用步骤

## 5.2.2　模型格式

TensorFlow 的模型存储格式有很多种，针对不同场景可以使用不同的格式。这里简单介绍一下与移动设备相关的模型格式。

**1．.ckpt**

这种格式的模型文件保存了模型的权重，主要用于对模型训练过程中调整好的参数进行备份和模型训练热启动。它是由 tf.train.Saver()方法实例化一个 saver 对象，再调用 saver.save()生成的。这种模型文件只包含若干 Variables 对象序列化后的数据（Variables 对象指的是模型中需要通过训练不断调整大小的权重），不包含图的结构，所以只有这种模型文件是无法重新构建数据流图的。

**2．.pb**

这种格式的模型文件不包含模型权重，但保存了图的结构，加上 Checkpoint 后就具有模型的全部信息。

这种格式的模型文件包含计算图，可以从中得到所有运算符的细节；也包含张量和 Variables 的定义，但不包含 Variables 的值，因此只能从中恢复计算图，而训练的权重仍需要从 Checkpoint 中恢复。

**3．.tflite**

这种格式的模型文件可以直接部署到 Android、iOS 等移动设备上。

## 5.2.3　模型格式转换

受限于硬件资源，目前在移动终端上只能运行已经训练好的模型。普通的保存方式无法同时保存参数和图，解决方法是把变量转换成常量后写入.pb 文件中，即实现冻结。可用 Python 中的 freeze_graph.py 实现冻结，其中的关键代码解释如下。

**1．引入 convert_variables_to_constants()方法**

可通过如下方式引入这个方法：

```
from tensorflow.python.framework import graph_util
```

下面的代码也有同样的功能：

```
from tensorflow.python.framework.graph_util import
convert_variables_to_constants
```

在想要保存的地方加入如下代码，调用 convert_variables_to_constants()方法把变量转换成常量。该方法有三个参数，第一个是当前的会话，第二个是图，第三个是输出节点名。

```
output_graph_def = convert_variables_to_constants(sess,
sess.graph_def,
output_node_names=['output/predict'])
```

2．调用 tf.gfile.FastGFile()方法生成文件并输出

该方法的第一个参数是文件路径，第二个参数是文件操作的模式，这里指的是以二进制的形式写入文件。生成文件后，通过 f.write()完成序列化输出。相关代码如下：

```
with tf.gfile.FastGFile('model/CTNModel.pb', mode='wb') as f:
    f.write(output_graph_def.SerializeToString())
```

3．TensorFlow 模型文件夹内容

模型文件夹内容如图 5-3 所示。

```
--checkpoint_dir
    | |--checkpoint
    | |--MyModel.meta
    | |--MyModel.data-00000-of-00001
    | |--MyModel.index
```

图 5-3　模型文件夹内容

## 5.2.4　模型格式转换完整代码

```
import tensorflow as tf
from tensorflow.python.framework import graph_util
def freeze_graph(input_checkpoint,output_graph):
#第一个参数为输入模型，它是.ckpt格式的
#第二个参数为.pb格式模型文件保存路径
#指定输出节点名称，该节点必须是原模型中存在的节点
output_node_names = "logits_eval"
#导入网络模型和变量
    saver = tf.train.import_meta_graph(input_checkpoint + '.meta',
```

```
clear_devices=True)
        graph = tf.get_default_graph()
    #获得默认的图
    input_graph_def = graph.as_graph_def()
    #返回一个序列化的图代表当前的图
    with tf.Session() as sess:
    #通过restore方法用.ckpt文件恢复图并得到训练好的数据
        saver.restore(sess, input_checkpoint)
    #冻结模型，将变量值固定
    output_graph_def =
graph_util.convert_variables_to_constants(sess=sess,
    input_graph_def=input_graph_def,output_node_names=output_node_name
s.split(","))
    #如果有多个输出节点，要以逗号隔开
    #保存模型
    with tf.gfile.GFile(output_graph, "wb") as f:
    f.write(output_graph_def.SerializeToString())
    #序列化输出
    input_checkpoint='/home/zhang/save1/model.ckpt'
    out_pb_path='/home/zhang/save/frozen_model.pb'
    freeze_graph(input_checkpoint, out_pb_path)
```

# 5.3 树叶识别案例

## 5.3.1 功能和界面设计

设计一个移动终端上的安卓程序，要求实现如下功能。

（1）将在计算机上训练好的树叶识别模型转换成.pb 格式后，移植到安卓移动终端上。

（2）在安卓程序界面上单击按钮打开摄像头，对树叶标本或图片进行拍照。

（3）对拍照图片进行分类识别。

安卓程序效果如图 5-4 所示。

图 5-4　安卓程序效果

　　程序界面可采用垂直线性布局，从上到下依次放置 TextView、Button、TextView、ImageView 控件，对应的功能分别是显示标题、单击进行识别、显示预测结果、显示拍照图片，如图 5-5 所示。

图 5-5　安卓程序界面设计

参考布局代码如下：

```xml
<?xml version="1.0" encoding="utf-8"?>
<LinearLayout
xmlns:android="http://schemas.android.com/apk/res/android"
    android:layout_width="match_parent"
    android:layout_height="match_parent"
    android:orientation="vertical"
    android:paddingBottom="16dp"
    android:paddingLeft="16dp"
    android:paddingRight="16dp"
    android:paddingTop="16dp">
    <Button
        android:onClick="click01"
        android:layout_width="match_parent"
        android:layout_height="wrap_content"
        android:text="click" />
    <TextView
        android:id="@+id/txt_id"
        android:layout_width="match_parent"
        android:layout_height="wrap_content"
        android:gravity="center"
        android:text="结果为："/>
    <ImageView
        android:id="@+id/imageView1"
        android:layout_width="wrap_content"
        android:layout_height="wrap_content"
        android:layout_gravity="center"/>
</LinearLayout>
```

## ⊛ 5.3.2　Android Studio 配置

首先添加模型文件。将转换格式后的模型文件 frozen_model.pb 复制到安卓项目的 assets 文件夹中。

然后在 MainActivity 类中，定义字符串变量 MODEL_FILE 记录模型文件存放路径，以便后续使用。

```java
private static final String MODEL_FILE =
"file:///android_asset/frozen_model.pb";
```

接下来在 Android Studio 中配置项目。TensorFlow 的核心是用 C++语言编写的，在安卓系统中需要用 JNI（Java 本地接口）调用 C++函数，如 loadModel、getPredictions等。这就要用到.so 文件和.jar 文件。这两个文件可以从网上下载，它们的名称分别是libandroid_tensorflow_inference_java.jar 和 libtensorflow_inference.so。

在 Android Studio 中，将左侧的工程目录切换到 Project 视图，将.so 文件放到libs/armeabi-v7a 文件夹中，将.jar 文件放到 libs 文件夹中（图 5-6）。

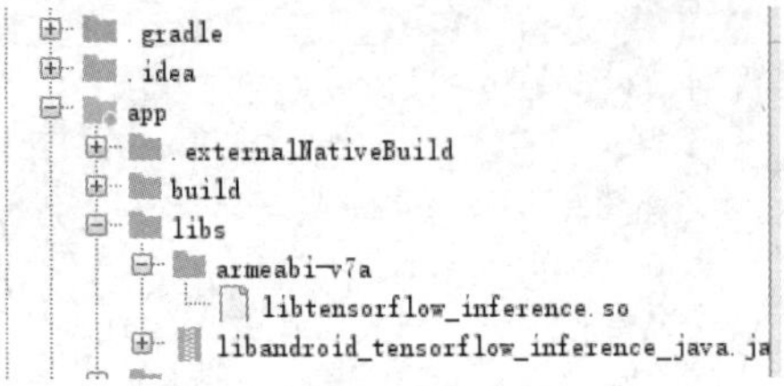

图 5-6　添加.so 文件和.jar 文件

在.jar 文件上右击并选择"Add As Library"命令，会在 gradle 中自动生成如下代码（图 5-7）：

```
    implementation
files('libs/libandroid_tensorflow_inference_java.jar')
```

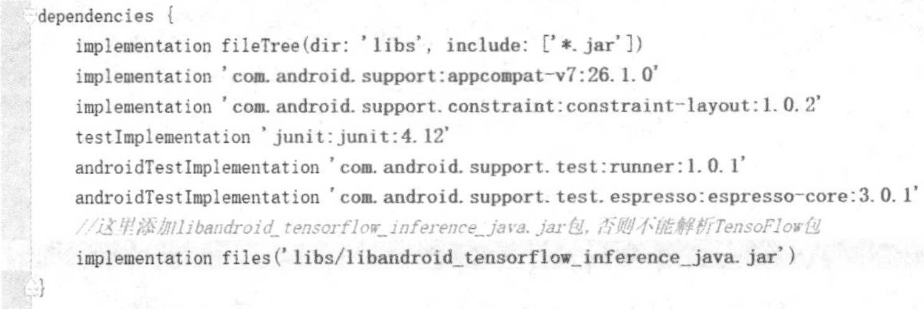

```
dependencies {
    implementation fileTree(dir: 'libs', include: ['*.jar'])
    implementation 'com.android.support:appcompat-v7:26.1.0'
    implementation 'com.android.support.constraint:constraint-layout:1.0.2'
    testImplementation 'junit:junit:4.12'
    androidTestImplementation 'com.android.support.test:runner:1.0.1'
    androidTestImplementation 'com.android.support.test.espresso:espresso-core:3.0.1'
    //这里添加libandroid_tensorflow_inference_java.jar包，否则不能解析TensorFlow包
    implementation files('libs/libandroid_tensorflow_inference_java.jar')
}
```

图 5-7　自动生成代码

接下来，在 app/build.gradle 文件的 defaultConfig 部分添加如下代码：

```
multiDexEnabled true
    ndk {
        abiFilters "armeabi-v7a"
    }
```

在 android 部分添加下面几行代码:

```
sourceSets {
    main {
        jni.srcDirs = []
        jniLibs.srcDirs = ['libs']
    }
}
```

## ⑤ 5.3.3 调用模型

现在可以在 Android Studio 中调用模型了。TensorFlow Java API 通过 TensorFlow InferenceInterface 类开放了所有需要的方法。在需要用到模型的地方,如封装的自定义类 PredictionTF 中,要先加载 libtensorflow_inference.so 库和初始化 TensorFlowInference Interface 对象,代码如下:

```
TensorFlowInferenceInterface inferenceInterface;
static {
    //加载libtensorflow_inference.so库
    System.loadLibrary("tensorflow_inference");
    Log.e(TAG,"libtensorflow_inference.so库加载成功");
}
PredictionTF(AssetManager assetManager, String modePath) {
    //初始化TensorFlowInferenceInterface对象
    inferenceInterface = new TensorFlowInferenceInterface
(assetManager,modePath);
    Log.e(TAG,"Tensor Flow模型文件加载成功");
}
```

下面对代码中的关键方法进行详细解释。

```
public TensorFlowInferenceInterface(AssetManager assetManager,
String model)
```

第一个参数是 AssetManager 对象。AssetManager 提供了对应用程序的原始资源文件进行访问的方法,可通过 getAssets()方法获取 AssetManager 对象。

第二个参数是 String model,为模型路径字符串。

### 5.3.4　使用模型

在自定义类 PredictionTF 的方法中添加 inferenceInterface 对象的使用，从而调用 feed()、run()、fetch()等方法。代码如下：

```
public float[] getPredict(Bitmap bitmap) {
        float[] inputdata = getPixels(bitmap);
        //将数据传给TensorFlow的输入节点
        inferenceInterface.feed(inputName,
inputdata,IN_COL,IMAGESIZE, IMAGESIZE,CHANEL);
        //运行TensorFlow
        String[] outputNames = new String[] {outputName};
        inferenceInterface.run(outputNames);
        //获取输出节点的输出信息
        float[] outputs = new float[5]; //用于存储模型的输出数据
        inferenceInterface.fetch(outputName, outputs);
        return outputs;
    }
```

其中，feed()方法的作用是将数据传给 TensorFlow 的输入节点。它的第一个参数 inputName 是输入节点的名称；第二个参数 inputdata 是输入节点的值，也就是传给输入节点的张量，被定义为 float 类型一维数组；第三个参数 IN_COL 通常取为 1，表示输入 1 个图片张量；后面三个参数代表输入张量的形状。

getPixels()是自定义方法，用来将 3 通道图像矩阵展开成一维数组，代码如下：

```
private float[] getPixels(Bitmap bitmap) {
    int[] intValues = new int[IMAGESIZE * IMAGESIZE];
    float[] floatValues = new float[IMAGESIZE * IMAGESIZE * 3];
    if (bitmap.getWidth() != IMAGESIZE || bitmap.getHeight() !=
IMAGESIZE) {
        // rescale the bitmap if needed
        bitmap = ThumbnailUtils.extractThumbnail(bitmap, IMAGESIZE,
IMAGESIZE);
    }
    bitmap.getPixels(intValues,0, bitmap.getWidth(), 0, 0,
bitmap.getWidth(), bitmap.getHeight());
    for (int i = 0; i < intValues.length; ++i) {
        final int val = intValues[i];
```

```
            floatValues[i * 3] = Color.red(val) / 255.0f;
            floatValues[i * 3 + 1] = Color.green(val) / 255.0f;
            floatValues[i * 3 + 2] = Color.blue(val) / 255.0f;
        }
        return floatValues;
    }
```

### ⑤ 5.3.5　添加交互功能

回到 MainActivity 类的 onCreate()方法，定义和初始化 PredictionTF 类的对象，并为按钮 1 添加监听事件，实现单击该按钮时打开摄像头。

```
    protected void onCreate(Bundle savedInstanceState) {
        super.onCreate(savedInstanceState);
        setContentView(R.layout.activity_main);
        txt=(TextView)findViewById(R.id.txt_id);
        imageView =(ImageView)findViewById(R.id.imageView1);
        bitmap = BitmapFactory.decodeResource(getResources(),
R.drawable.test);
        imageView.setImageBitmap(bitmap);
        preTF =new PredictionTF(getAssets(),MODEL_FILE);//输入模型存放路
径，并加载TensorFlow模型
        checkPermission();
    }
    private void checkPermission() {
    //检查是否被授权，PackageManager.PERMISSION_GRANTED表示同意授权
    if (ActivityCompat.checkSelfPermission(this,
Manifest.permission.WRITE_EXTERNAL_STORAGE)
    != PackageManager.PERMISSION_GRANTED) {
    //用户已经拒绝过一次，再次弹出权限申请对话框需要给用户一个解释
    if (ActivityCompat.shouldShowRequestPermissionRationale(this,
Manifest.permission
    .WRITE_EXTERNAL_STORAGE)) {
            Toast.makeText(this, "请开通相关权限，否则无法正常使用！",
Toast.LENGTH_SHORT).show();
        }
        //申请权限
        ActivityCompat.requestPermissions(this, new String[]{
            Manifest.permission.READ_EXTERNAL_STORAGE,
            Manifest.permission.WRITE_EXTERNAL_STORAGE
```

```
        }, 1);
    } else {
        Toast.makeText(this, "授权成功! ", Toast.LENGTH_SHORT).show();
    }
}
```

在按钮 2 的监听方法 click01() 中，调用 getPredict() 方法，获得分类结果。

```
public void click01(View v){
    //复制过来的代码
    Intent intent = new Intent(MediaStore.ACTION_IMAGE_CAPTURE);
    startActivityForResult(intent, 1);
}
@SuppressLint("SdCardPath")
@Override
protected void onActivityResult(int requestCode, int resultCode,
Intent data) {
    int num=0;
    // TODO Auto-generated method stub
    super.onActivityResult(requestCode, resultCode, data);
    if (resultCode == Activity.RESULT_OK) {
        String sdStatus = Environment.getExternalStorageState();
        if (!sdStatus.equals(Environment.MEDIA_MOUNTED)) { // 检测SD
卡是否可用
            Log.i("TestFile","SD card is not avaiable/writeable right
now.");

            return;
        }
        new DateFormat();
        String name =
DateFormat.format("yyyyMMdd_hhmmss",Calendar.getInstance(Locale.CHINA)) +
".jpg";

        Toast.makeText(this, name, Toast.LENGTH_LONG).show();
        Bundle bundle = data.getExtras();
        Bitmap bitmap = (Bitmap) bundle.get("data");// 获取摄像头返回的
数据，并转换为Bitmap图片格式
        bitmap_s = bitmap;
        imageView.setImageBitmap(bitmap);// 将图片显示在ImageView控件
中
        FileOutputStream b = null;
        File file = new File("/sdcard/Image/");
        file.mkdirs();// 创建文件夹
```

```
            String fileName = "/sdcard/Image/"+name;
            try {
                b = new FileOutputStream(fileName);
                bitmap.compress(Bitmap.CompressFormat.JPEG, 100, b);// 把
数据写入文件
            } catch (FileNotFoundException e) {
                e.printStackTrace();
            } catch(Exception e){
                Log.e("error", e.getMessage());
            }
        }
        String res="预测结果为：";
        float[] result= preTF.getPredict(bitmap_s);
        float[] copy = Arrays.copyOf(result,5);
        for (int i=0;i<5;i++){
            if (result[i]==copy[0]){
                num = i+1;
                break;
            }
        }
        for (int i=0;i<result.length;i++){
            res=res+String.valueOf(result[i])+" ";
        }
        String nums = String.valueOf(num);
    }
```

# 5.4 "你画我猜" 案例

## ⟩ 5.4.1 功能和界面设计

本节将介绍第二个 TensorFlow Lite 应用案例，同样用在安卓移动终端上。相信很多读者都玩过谷歌的微信小游戏"猜画小歌"（图 5-8）。本节就设计一个安卓程序来模仿这个小游戏的部分功能。程序设计思路如下：将在计算机上训练好的手画图形识别模型转换成.pb 格式后，移植到安卓移动终端上；在安卓程序界面上触摸画画，只能画 5

种指定图形（蝴蝶、剪刀、钻石、海豚、花）中的一种；单击按钮对手画图形进行分类识别。

**图5-8 小游戏"猜画小歌"**

程序界面采用垂直线性布局，从上到下依次放置TextView（显示提示文字）、MyView（自定义视图）、Button（"保存识别"和"清除画布"两个按钮）、TextView（显示分类识别结果）控件。布局代码如下：

```
    <LinearLayout
xmlns:android="http://schemas.android.com/apk/res/android"
      android:layout_width="match_parent"
      android:layout_height="match_parent"
      android:orientation="vertical"
      >
    <TextView
        android:id="@+id/textView2"
        android:layout_width="match_parent"
        android:layout_height="wrap_content"
        android:text="请在"蝴蝶、剪刀、钻石、海豚、花"里选一种画出来，我来猜
" />
    <com.example.myapplication.MyView
        android:layout_width="match_parent"
        android:layout_height="300dp"
        android:id="@+id/myview"/>
    <LinearLayout
```

```
        android:layout_height="wrap_content"
        android:layout_width="wrap_content"
        android:orientation="horizontal"
        android:layout_gravity="center"
        >
  <Button
        android:id="@+id/button"
        android:layout_width="wrap_content"
        android:layout_height="wrap_content"
        android:text="保存识别" />
   <Button
        android:id="@+id/button2"
        android:layout_width="match_parent"
        android:layout_height="wrap_content"
        android:text="清除画布" />
     </LinearLayout>
     <TextView
        android:id="@+id/textView"
        android:layout_width="match_parent"
        android:layout_height="wrap_content"
        android:text="TextView" />
  </LinearLayout>
```

## ⊙ 5.4.2 添加模型并配置项目

将在计算机上训练好的模型转换为.pb 格式，命名为 frozen_model.pb，把它复制到安卓项目的 assets 文件夹中。

在 MainActivity 类中，定义字符串变量 MODEL_FILE 记录模型文件存放路径，以便后续使用。

```
    private static final String MODEL_FILE =
"file:///android_asset/shouxieshibie_model.pb"; //模型文件存放路径
```

与上个案例一样，需要从网上下载以下两个文件：libandroid_tensorflow_inference_java.jar 和 libtensorflow_inference.so。

在 Android Studio 中，将左侧的工程目录切换到 Project 视图，将.so 文件放到 libs/armeabi-v7a 文件夹中，将.jar 文件放到 libs 文件夹中。

在 .jar 文件上右击并选择 "Add As Library" 命令，会在 gradle 中自动生成图 5-9 所示的代码。

```
dependencies {
    implementation fileTree(dir: 'libs', include: ['*.jar'])
    implementation 'com.android.support:appcompat-v7:26.1.0'
    implementation 'com.android.support.constraint:constraint-layout:1.0.2'
    testImplementation 'junit:junit:4.12'
    androidTestImplementation 'com.android.support.test:runner:1.0.1'
    androidTestImplementation 'com.android.support.test.espresso:espresso-core:3.0.1'
    //这里添加libandroid_tensorflow_inference_java.jar包,否则不能解析TensoFlow包
    implementation files('libs/libandroid_tensorflow_inference_java.jar')
}
```

图 5-9　自动生成代码

接下来，在 app/build.gradle 文件的 defaultConfig 部分添加如下代码：

```
multiDexEnabled true
    ndk {
        abiFilters "armeabi-v7a"
    }
```

在 android 部分添加如下代码：

```
sourceSets {
    main {
        jni.srcDirs = []
        jniLibs.srcDirs = ['libs']
    }
}
```

在 Android Studio 中默认匹配 main 下面的 jniLibs 目录（如果没有此目录，需要用户自己手动创建）。如果想用 libs 下面的库，需要添加上面的代码，手动指定库的位置。

### 5.4.3　调用模型

TensorFlow Java API 通过 TensorFlowInferenceInterface 类开放了所有需要的方法。在需要用到模型的地方，如这里封装的自定义类 PredictionTF 中，要先加载 libtensorflow_inference.so 库和初始化 TensorFlowInferenceInterface 对象，代码如下：

```
TensorFlowInferenceInterface inferenceInterface;
PredictionTF preTF;
static {
```

```
        //加载libtensorflow_inference.so库
        System.loadLibrary("tensorflow_inference");
        Log.e(TAG,"libtensorflow_inference.so库加载成功");
    }
    PredictionTF(AssetManager assetManager, String modePath) {
        //初始化TensorFlowInferenceInterface对象
        inferenceInterface = new
TensorFlowInferenceInterface(assetManager,modePath);
        Log.e(TAG,"TensorFlow模型文件加载成功");
    }
```

### 5.4.4  使用模型

在自定义类 PredictionTF 的方法中添加 inferenceInterface 对象的使用，从而调用 feed()、run()、fetch()方法。代码如下：

```
    public float[] getPredict(Bitmap bitmap) {
    float[] inputdata = getPixels(bitmap);
    //将数据传给TensorFlow的输入节点
        inferenceInterface.feed(inputName, inputdata, IN_COL,
IMAGESIZE,IMAGESIZE,CHANEL);
        String[] outputNames = new String[] {outputName};
        inferenceInterface.run(outputNames);
        //获取输出节点的输出信息
        float[] outputs = new  float[5]; //用于存储模型的输出数据
        inferenceInterface.fetch(outputName, outputs);
        return outputs;
    }
```

### 5.4.5  其他部分的代码

本案例共有 4 个 Java 源文件，如图 5-10 所示。

（1）FileService.java 负责文件（BMP 格式图片）保存。

（2）MainActivity.java 负责模型的加载、"保存识别"和"清除画布"按钮的监听事件。

（3）PredictionTF.java 负责 inferenceInterface 类预测接口各种方法的调用，实现预

测功能。

（4）MyView.java 实现自定义视图的笔刷和重绘等功能。

那么，如何生成绘画识别的数据集呢？可以单击该程序的"保存识别"按钮，将触摸屏上画在自定义视图区域的简笔画保存下来，作为训练集，在计算机上训练五分类模型。训练模型的步骤和树叶识别案例基本相同。

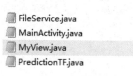

**图 5-10　安卓程序文件组成**

MainActivity.java 中按钮监听部分的代码如下：

```java
//按钮监听事件，用于获取画在自定义视图区域的BMP图像并保存下来，以及清除画布
@Override
    public void onClick(View v) {
        if (v.getId()==R.id.button){
        Bitmap
bt=myView.getBitmap().copy(Bitmap.Config.ARGB_8888,false);
        fileService.savePhoto(bt, "画图"+i+".png");
        i=i+1;
        String res="预测结果为: ";
        float[] result= preTF.getPredict(bt);
        for (int i=0;i<result.length;i++){
            Log.i(TAG, res+result[i] );
            res=res+String.valueOf(result[i])+" ";
        }
        textView.setText(res);
        }
        if (v.getId()==R.id.button2){
        myView.mPath.reset();
        myView.clear();
        myView.invalidate();
        }
    }
```

回到 MainActivity 的 onCreate()方法，定义并初始化 PredictionTF 类的对象。

```
protected void onCreate(Bundle savedInstanceState) {
    super.onCreate(savedInstanceState);
    setContentView(R.layout.layout);
    myView= (MyView) findViewById(R.id.myview);
    btn1=findViewById(R.id.button);
    btn2=findViewById(R.id.button2);
    textView=findViewById(R.id.textView);
    btn1.setOnClickListener(this);
    btn2.setOnClickListener(this);
    preTF =new PredictionTF(getAssets(),MODEL_FILE);//输入模型存放路
径，并加载TensorFlow模型
    checkPermission();
}
```

在按钮的监听方法 onClick()中，如果判断为"保存识别"按钮，则调用 getPredict()
方法获得分类结果；如果判断为"清除画布"按钮，则清除手画图形并刷新屏幕。

```
@Override
public void onClick(View v) {
    if (v.getId()==R.id.button){
        Bitmap
bt=myView.getBitmap().copy(Bitmap.Config.ARGB_8888,false);
        fileService.savePhoto(bt, "画图"+i+".png");
        i=i+1;
        String res="预测结果为：";
        float[] result= preTF.getPredict(bt);
        for (int i=0;i<result.length;i++){
            Log.i(TAG, res+result[i] );
            res=res+String.valueOf(result[i])+" ";
        }
        textView.setText(res);
    }
    if (v.getId()==R.id.button2){
        myView.mPath.reset();
        myView.clear();
        myView.invalidate();
    }
}
```

在前面的布局代码中用到了自定义视图 MyView。

```
<com.example.myapplication.MyView
    android:layout_width="match_parent"
```

```
                android:layout_height="300dp"
                android:id="@+id/myview"/>
```

下面详细介绍自定义视图 MyView 的代码。首先，定义继承自视图类的自定义视图 MyView，以及笔刷、路径、画布、坐标点变量等；然后，重写并重载 MyView 的构造方法。具体代码如下：

```java
public class MyView extends View {
    private Paint mPaint;        //绘制线条的Paint
    public Path mPath;           //记录用户绘制的Path
    private Canvas mCanvas;      //内存中创建的Canvas
    private Bitmap mBitmap;      //缓存绘制的内容
    private int mLastX;
private int mLastY;
MyView myView;
    public MyView(Context context) {
        super(context);
        init();
    }
public MyView(Context context, AttributeSet attrs) {
super(context, attrs);
init();
}
public MyView(Context context, AttributeSet attrs, int defStyleAttr)
{
        super(context, attrs, defStyleAttr);
        init();
    }
```

接下来，调用 init()方法初始化画笔；调用 onMeasure()方法测量视图的高度和宽度，然后据此生成位图和画布。具体代码如下：

```java
private void init() {
    mPath = new Path();
    mPaint = new Paint();                          //初始化画笔
    mPaint.setColor(Color.GREEN);
    mPaint.setAntiAlias(true);                     //抗锯齿
    mPaint.setDither(true);                        //防抖动
    mPaint.setStyle(Paint.Style.STROKE);
// Android画笔有三种Style, Paint.Style.STROKE只能绘制图形轮廓（描边）
    mPaint.setStrokeJoin(Paint.Join.ROUND);   //结合处为圆角
    mPaint.setStrokeCap(Paint.Cap.ROUND);     //设置转弯处为圆角
```

```
        mPaint.setStrokeWidth(20);                    //设置画笔宽度
    }
    @Override
    protected void onMeasure(int widthMeasureSpec, int heightMeasureSpec)
{
        super.onMeasure(widthMeasureSpec, heightMeasureSpec);
        int width = getMeasuredWidth();
        int height = getMeasuredHeight();
        // 初始化Bitmap和Canvas
        mBitmap = Bitmap.createBitmap(width, height,
Bitmap.Config.ARGB_8888);
        mCanvas = new Canvas(mBitmap);
    }
```

最后重写绘图方法 onDraw()。代码如下：

```
//重写绘图方法
@Override
protected void onDraw(Canvas canvas) {
    drawPath();
    canvas.drawBitmap(mBitmap, 0, 0, null);
}
//用笔刷和路径绘制线条
private void drawPath() {
    mCanvas.drawPath(mPath, mPaint);
}
//监听屏幕触摸事件
@Override
public boolean onTouchEvent(MotionEvent event) {
    int action = event.getAction();
    int x = (int) event.getX();
    int y = (int) event.getY();
    switch (action) {
        case MotionEvent.ACTION_DOWN:
            mLastX = x;
            mLastY = y;
            mPath.moveTo(mLastX, mLastY);
            break;
//当移动距离大于3像素时，保存当前触摸点坐标，并绘制到该触摸点的直线
        case MotionEvent.ACTION_MOVE:
            int dx = Math.abs(x - mLastX);
            int dy = Math.abs(y - mLastY);
```

```
                if (dx > 3 || dy > 3)
                    mPath.lineTo(x, y);
                    mLastX = x;
                    mLastY = y;
                    break;
        }
    //自动清屏及屏幕刷新
        invalidate();
        return true;
    }
    public Bitmap getBitmap(){
        return mBitmap;
    }
    public void clear(){
        Paint paint = new Paint();
        paint.setXfermode(new
PorterDuffXfermode(PorterDuff.Mode.CLEAR));
        mCanvas.drawPaint(paint);
        paint.setXfermode(new PorterDuffXfermode(PorterDuff.Mode.SRC));
    }
```

# 第⑥章

# TensorFlow 的树莓派应用

# 6.1 嵌入式人工智能

## 6.1.1 概述

人工智能分为云端人工智能和嵌入式人工智能。云端人工智能依靠云端强大的计算能力和标签化的大数据对算法进行性能提升和优化,更适宜做算法训练。嵌入式人工智能是在本地实现人工智能,即在设备不联网的情况下实现实时的环境感知、人机交互、决策控制等。它更适合数据量大且要求实时处理、实时响应、快速决策、快速执行的应用场景。如今,用户对于数据安全性越来越重视,在诸如智能家居这类对数据安全性较敏感的应用场景中,更适合采用嵌入式人工智能。随着 5G、AI 和 IoT 技术的蓬勃发展,新兴的智能终端和解决方案越来越依赖于嵌入式技术。用于物流系统的自动分拣机器人、智能快递柜等,城市交通中的无人驾驶汽车、交警机器人等,用于安防系统的智能摄像机、巡检机器人等,家居系统中的智能音箱、扫地机器人等,都是典型的嵌入式系统。人工智能拓展了嵌入式技术的应用范围,为嵌入式技术的应用创造了新的机遇。

嵌入式人工智能也存在一些短板,如运算能力有限、功耗控制要求较高、算法有待优化等。另外,在成本、商业模式等方面,嵌入式人工智能也面临一系列问题。总体来看,云端人工智能和嵌入式人工智能是相互补充的关系。云端人工智能致力于如何更好地解决问题,而嵌入式人工智能则致力于如何更加经济、快速、安全地解决问题。

本章将从树莓派入手,尝试在嵌入式设备中应用人工智能。

## 6.1.2 树莓派简介

树莓派(Raspberry Pi)是为计算机编程教育而设计的只有信用卡大小的微型计算机,由注册于英国的慈善组织"树莓派基金会"开发。该基金会以提升学校计算机科学及相关学科的教育水平,让计算机变得有趣为宗旨。最早的树莓派于 2012 年 3 月正式发售。从早期的 Raspberry Pi Zero 到 2019 年发布的 Raspberry Pi 4 Model B，树莓派的发展如火如荼，其性能不断提升，配合其完善的软硬件生态系统，能帮助人们用较低的成本完成计算机学习并快速实现创意设计。树莓派的图标如图 6-1 所示。

谷歌从 TensorFlow 1.9 开始支持树莓派。在树莓派上安装好操作系统后，就可以安装 TensorFlow。本书中采用的是树莓派 3B 开发板（图 6-2）。

RaspberryPi

图 6-1　树莓派的图标

图 6-2　树莓派 3B 开发板

# 6.2 树莓派准备工作

## ⊛ 6.2.1 安装操作系统

树莓派的官方操作系统是 Raspbian，可在树莓派官网（https://www.raspberrypi.org/）下载。树莓派上可以运行各种操作系统，但推荐初学者使用 Raspbian。在官网的下载页面中，提供了两种下载包，如图 6-3 所示。

NOOBS 的全称为 New Out Of Box System（全新开箱即用系统），它其实是一个系统安装器，官方推荐初学者使用它。官方 TF 卡中自带 NOOBS，将官方 TF 卡插到树莓派上后通电即可使用。

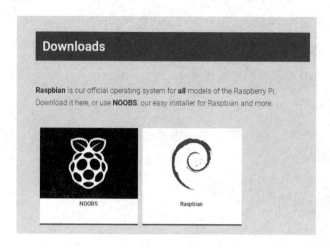

图 6-3　树莓派官网下载页面

下面介绍如何使用 NOOBS 安装树莓派操作系统。

（1）在官网下载页面（https://www.raspberrypi.org/downloads/noobs/）中下载 NOOBS。如图 6-4 所示，官网上提供了两个版本：NOOBS 和 NOOBS Lite。建议读者选择 NOOBS，原因是这个版本更新，功能更全。

图 6-4　NOOBS 下载页面

（2）下载 SD 卡格式化安装器（SD Memory Card Formatter）的 Windows 版本。下载地址为 https://www.sdcard.org/downloads/formatter_4/。如图 6-5 所示，选择"For Windows"，然后在图 6-6 所示的页面中选择"Accept"进行下载。

图 6-5　SD 卡格式化安装器下载页面 1

图 6-6　SD 卡格式化安装器下载页面 2

接下来通过读卡器将 SD 卡插到计算机上，建议使用容量在 8GB 以上的 SD 卡。SD 卡格式化安装器下载完成后，运行安装程序，进入图 6-7 所示的安装欢迎界面。单击"Next"按钮，进入图 6-8 所示的界面，选中"I accept the terms in the license agreement"，然后单击"Next"按钮，进入安装路径界面（图 6-9），可单击"Change"按钮更改安装路径或保持默认设置。继续单击"Next"按钮，在图 6-10 所示的界面中单击"Install"按钮，开始安装。安装完成后弹出图 6-11 所示的界面，单击"Finish"按钮，完成安装并启动程序。

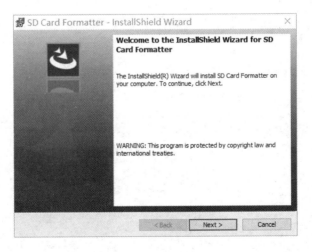

图 6-7　安装欢迎界面

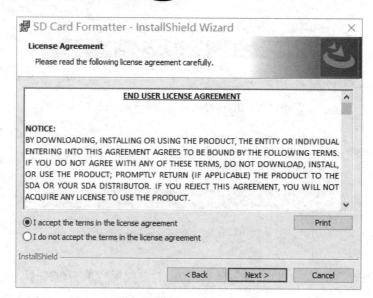

图 6-8　许可同意界面

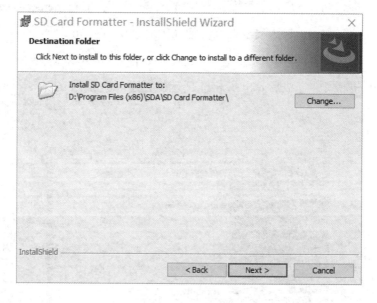

图 6-9　安装路径界面

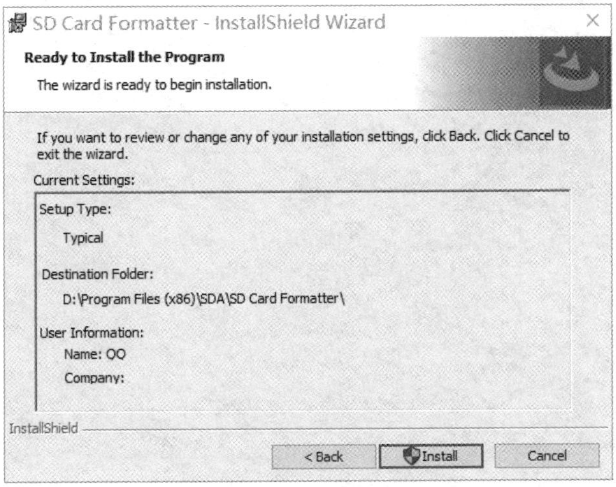

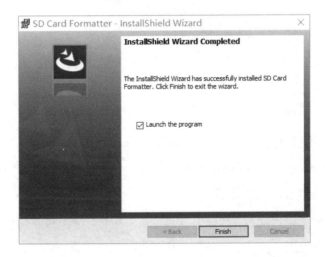

图 6-10　准备安装界面

图 6-11　安装完成界面

　　在图 6-12 所示的运行界面中，在"Select card"下拉列表框中选择 SD 卡，如果已经通过读卡器将 SD 卡插在计算机上，会默认显示已插入的 SD 卡。在"Formatting options"选项区中，默认选择"Quick format"，如果格式化失败，则选择"Overwrite formart"再次尝试。

图 6-12　运行界面

（3）安装操作系统。

SD 卡格式化完成之后，将之前下载的 NOOBS 文件解压缩。需要注意的是，必须将文件夹内的文件全部复制到 SD 卡的根目录下，不能包含文件夹。NOOBS 会自动将 SD 卡分区。

将 NOOBS 文件都复制过去后，将树莓派开发板通过 HDMI 高清线连接至显示器，通过 USB 接口连接键盘、鼠标，再连接好电源，准备安装操作系统。树莓派开发板连接电源之后，电源指示灯会点亮。

树莓派开发板通电启动后，会弹出安装窗口，其中列出了目前几个主流的树莓派操作系统。单击安装窗口中的 Wi-Fi 连接按钮连接网络后，可看到更多可选的操作系统，用户可根据自己的喜好选择其一进行安装。这里选择 Raspbian 完全版，单击"Install OS"按钮就会开始安装，安装过程中可在右下角选择安装语言。安装过程需要 30～50 分钟，安装完成后重启即可进入操作系统。

如果没有显示器和 HDMI 高清线，可采用以下方法远程连接树莓派。

（1）将其他外设安装好，通过网线连接树莓派和路由器。

（2）计算机连接路由器所在局域网，使用局域网扫描器（Advanced IP Scanner）查看树莓派 IP 地址。

（3）在计算机上使用 SSH 远程连接工具（Putty）连接树莓派。

### 6.2.2　配置网络

安装完操作系统后，需要对树莓派进行网络配置。在桌面系统的顶部有任务栏，在右上角找到网络配置图标，单击该图标即可看到 Wi-Fi 列表，找到可以连接的 Wi-Fi 并单击，在弹出的窗口中输入 Wi-Fi 密码后就可以使用 Wi-Fi 了。

### 6.2.3　安装 VNC Viewer

VNC Viewer 是一款简单易用的远程控制软件，通过它可以在 Windows 系统中打开树莓派系统界面并进行操作。如果没有给树莓派外接显示器，可以用 VNC Viewer 在 Windows 系统中远程登录树莓派。

VNC Viewer 的下载和安装非常简单，这里就不做介绍了。

除了在 PC 端安装 VNC Viewer，还需要在树莓派上开启 VNC 服务。具体方法是在树莓派终端输入下列命令进入配置界面：

```
sudo raspi-config
```

在配置界面中依次选择"Interfacing Options" → "VNC" → "Yes"，即可开启 VNC 服务，如图 6-13～图 6-16 所示。

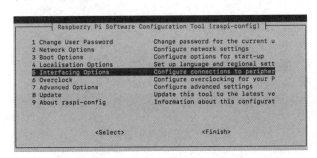

图 6-13　树莓派配置界面 1

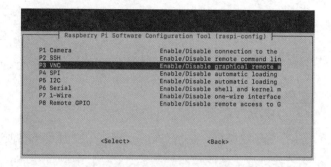

图 6-14　树莓派配置界面 2

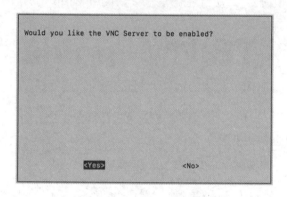

图 6-15　树莓派配置界面 3

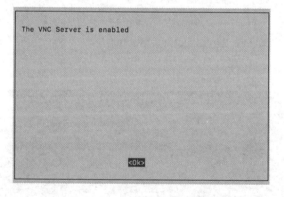

图 6-16　树莓派配置界面 4

接下来在 PC 端启动 VNC Viewer，输入树莓派的 IP 地址，连接之后输入树莓派的登录用户名和密码（初始用户名为 pi，密码为 raspberry），确认之后即可进入树莓派的远程桌面。

## 6.2.4 安装 TensorFlow

给树莓派外接显示器或者在 PC 端远程登录树莓派，就可以方便地进行 TensorFlow 的安装。

1．查看 Python 的版本

打开树莓派终端，输入如下命令：

```
python -V
```

也可以输入以下命令：

```
python -version
```

如果当前版本不是 Python 3.5，为了能够成功安装 TensorFlow 1.9.0，建议先卸载当前版本。

2．安装 Python 3.5

通过如下命令安装 Python 3.5：

```
sudo apt-get install python3.5
```

通过如下命令删除已有的 Python 链接：

```
sudo rm /usr/bin/python
```

通过下面的命令添加安装好的 Python 3.5：

```
sudo ln -s /usr/bin/python3.5 /usr/bin/python
```

上述命令的功能是为某个文件在另一个位置建立一个同步的链接,这个命令最常用的参数是-s。当需要在不同的目录下使用相同的文件时，不必在每个目录下都放一个相同的文件，只要在某个固定的目录下存放该文件，然后在其他目录下用 ln 命令链接它即可，这样就不会重复占用磁盘空间。

通过如下命令再次查看当前的 Python 版本：

```
python -V
```

确认当前版本是 Python 3.5 后，就可以正式安装 TensorFlow 1.9.0。

3．安装 TensorFlow

输入以下命令进行安装。参数--no-cache-dir 表示直接删除缓存，安装时就不会读取缓存。

```
sudo pip3 install --no-cache-dir astor
sudo pip3 install --no-cache-dir funcsigs
sudo pip3 install --no-cache-dir termcolor
sudo pip3 install --no-cache-dir protobuf
sudo pip3 install --no-cache-dir markdown
sudo pip3 install --no-cache-dir futures
sudo pip3 install --no-cache-dir numpy
sudo pip3 install --no-cache-dir mock
sudo pip3 install --no-cache-dir tensorboard==1.9.0
sudo pip3 install --no-cache-dir grpcio
sudo pip3 install --no-cache-dir absl-py
sudo pip3 install --no-cache-dir gast
sudo pip3 install --no-cache-dir tensorflow==1.9.0
```

如果安装过程中没有出错，并提示"Successfully installed"，则表示安装成功。下面进行测试，在终端执行如下命令，若不报任何错误，就表示一切正常。

```
python
import tensorflow as tf
```

若采用上述方法安装时网速不稳定，可以使用下面这种替换方案。首先在 Windows 系统中下载所需要的 TensorFlow 版本，其 GitHub 地址为 https://github.com/lhelontra/tensorflow-on-arm/releases。

然后使用 FTP 传输工具 FileZilla 将下载的文件从 Windows 系统中上传到树莓派，在树莓派上进行安装。安装命令如下：

```
$ sudo apt-get update
$ sudo apt-get install python3.5
$ sudo apt-get install python3-pip
$ sudo apt-get install libatlas-base-dev
$ sudo pip3 install [TensorFlow的whl文件名称]
```

## 6.2.5 安装 OpenCV

因为在后面的示例程序中要用 OpenCV 做图像预处理，所以必须在树莓派 Raspbian 系统中安装 OpenCV。本节就介绍安装步骤。

第一步，扩展文件系统。为了充分利用 SD 卡的存储空间，在树莓派命令行窗口中输入如下命令，打开图 6-17 所示的配置界面。

```
$ sudo raspi-config
```

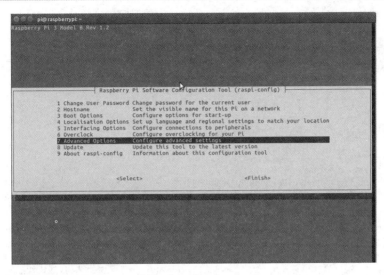

图 6-17　配置界面 1

在配置界面中，依次选择"Advanced Options"→"Expand File system"，如图 6-18 所示。这样可以确保 SD 卡的整个存储空间对操作系统有效。

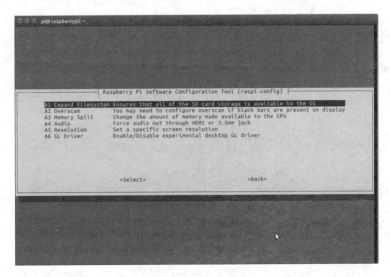

图 6-18　配置界面 2

回到终端输入下面的命令重启树莓派。

```
$ sudo reboot
```

重启之后可通过如下命令查看 SD 卡使用情况，检查文件系统是否扩展成功，如图 6-19 所示。

```
$df -h
```

```
1   $ df -h
2   Filesystem     Size  Used Avail Use% Mounted on
3   /dev/root       30G  4.2G   24G  15% /
4   devtmpfs       434M     0  434M   0% /dev
5   tmpfs          438M     0  438M   0% /dev/shm
6   tmpfs          438M   12M  427M   3% /run
7   tmpfs          5.0M  4.0K  5.0M   1% /run/lock
8   tmpfs          438M     0  438M   0% /sys/fs/cgroup
9   /dev/mmcblk0p1  42M   21M   21M  51% /boot
10  tmpfs           88M     0   88M   0% /run/user/1000
```

图 6-19　SD 卡使用情况

第二步，安装 OpenCV。如果树莓派通过 HDMI 高清线连接了显示器，安装起来就会很方便。若没有连接显示器，可以通过 PC 端的 VNC Viewer 远程登录树莓派，前提是知道树莓派的 IP 地址。相比较而言，同样是远程登录，SSH 的连接不如 VNC 稳定，采用 VNC 可以避免安装过程中连接意外断开。在安装 OpenCV 之前，先执行如下命令进行系统更新，并安装 Python 3 的必要插件。

```
$sudo apt-get update
$sudo apt-get install python3-setuptools
$sudo apt-get install python3-dev
$sudo apt-get install python3-pip
$pip3 install numpy
```

安装提供编译程序软件包的列表信息的库 build-essential，命令如下：

```
$sudo apt-get install build-essential -y
```

安装必要的开发插件（cmake），命令如下：

```
$sudo apt-get install cmake git libgtk2.0-dev pkg-config
libavcodec-dev libavformat-dev libswscale-dev -y
```

第三步，在终端依次执行下列命令，下载 OpenCV 3.0.0 压缩包，解压缩 OpenCV 3.0.0 压缩包，进入解压缩后的文件夹，对文件进行编译。

```
$wget https://github.com/Itseez/opencv/archive/3.0.0.zip
```

```
$unzip 3.0.0.zip
$cd opencv-3.0.0
$cmake -DCMAKE_BUILD_TYPE=Release
-D CMAKE_INSTALL_PREFIX=/usr/local
-D PYTHON3_EXECUTABLE=/usr/bin/python3
-D PYTHON_INCLUDE_DIR=/usr/include/python3.4-DPYTHON_LIBRARY=
/usr/lib/x86_64-linux-gnu/libpython3.4m.so
-D
PYTHON3_NUMPY_INCLUDE_DIRS=/usr/local/lib/python3.4/dist-packages/
numpy/core/include
$sudo make -j
$sudo make install
```

第四步，执行以下命令，检查 OpenCV 是否安装成功。

```
$python3
$import cv2
```

## ⊙ 6.2.6　连接摄像头

通过摄像头可以实时获取图像，使用安装好的 OpenCV 进行图像预处理后，即可进行图像识别等后续操作。树莓派官方提供了两款 CSI 接口摄像头，分别是标准款和夜视款。树莓派也支持 USB 接口摄像头，但官方摄像头更容易配置。

第一步，将专用摄像头（图 6-20）连接到树莓派上。摄像头的带状线缆需要连接到树莓派的 CSI 接口上，这个接口在紧靠以太网接口的位置，不要把它和连接屏幕的 CSI 接口弄混，也不要弯折带状线缆。

图 6-20　树莓派专用摄像头

第二步，升级系统。不管当前的 Raspbian 系统版本是多少，都强列建议用如下命令更新一下系统。根据 SD 卡的型号和新旧程度，升级系统所花费的时间会有所不同。

```
$sudo apt-get update
$sudo apt-get upgrade
```

第三步，使能摄像头。升级完成后重启系统。如果使用的是最新版的系统，"raspi-config"系统配置组件应该会自动加载。如果不是，可以通过以下命令来手动加载。

```
$sudo raspi-config
```

在配置界面（图 6-21）中选择"camera"，然后按回车键；在弹出的界面（图 6-22）中选择"Enable"，使能摄像头，然后按回车键；最后在图 6-23 所示的界面中选择"Yes"，重启树莓派。

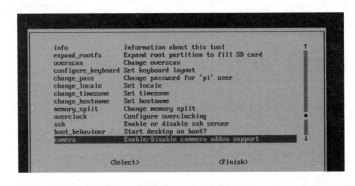

图 6-21　配置界面

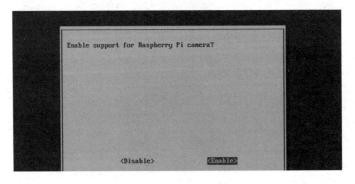

图 6-22　使能摄像头

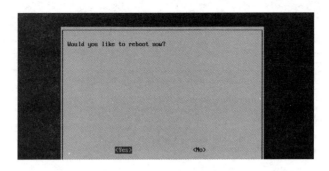

图 6-23 重启树莓派

摄像头连接成功后，会增加两个命令行工具供用户使用摄像头，分别是 raspistill 和 raspivid。它们可分别实现拍摄静帧照片和 HD 视频。例如，要每隔 5 秒抓取一张宽 1024 像素、高 768 像素的照片，抓取总时长为 10 秒，保存的文件名为 image1.jpg、 image2.jpg，命令如下：

```
sudo raspistill -o image%d.jpg -w 1024 -h 768 -t 10000 -tl 5000
-vraspistill
```

或者在命令行窗口中输入以下命令，意思是用 nano 编辑器打开 modules 文件。

```
$sudo nano /etc/modules
```

在这个文件的末尾添加"bcm2835-v4l2"，如图 6-24 所示。

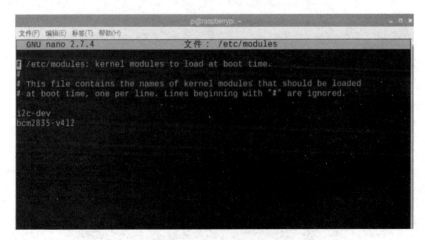

图 6-24 编辑 modules 文件

添加完成后，按 Ctrl+O 键，再按回车键保存，然后按 Ctrl+X 键退出 nano 编辑器，回到命令行窗口，输入如下命令，如果得到图 6-25 所示的结果，说明摄像头连接成功。

```
$vcgencmd get_camera
```

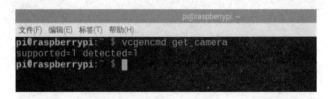

图 6-25　摄像头连接成功

接下来输入下面的命令，调用摄像头拍一张照片，命名为 image.jpg，存储在/pi/home 目录下，也就是桌面左上角资源管理器一打开就显示的那个目录。如果摄像头上的红灯点亮，且目录中有照片，则说明摄像头配置正确。

```
$raspistill -o image.jpg
```

### 6.2.7　安装 tqdm 库

在很多 Python 代码中，需要用进度条显示诸如文件读取进度等效果。这就要用到 tqdm 库。执行下面两条命令中的任何一条都可以安装 tqdm 库，如图 6-26 所示。

```
$pip install tqdm
$conda install -c conda-forge tqdm
```

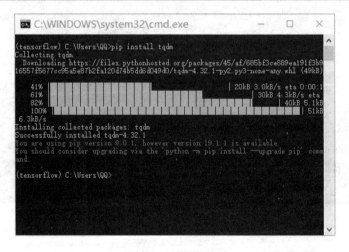

图 6-26　安装 tqdm 库

# 6.3　基于树莓派的人脸识别案例

## 6.3.1　MTCNN 人脸识别模型

完成前面一系列的准备工作后，接下来在树莓派上应用 TensorFlow 人脸识别程序。首先介绍一下 MTCNN 人脸识别模型。MTCNN 的全称是 Multi-task Cascaded Convolutional Neural Networks，即多任务级联卷积神经网络。虽然当前该网络不是表现最佳的，但该网络的出现具有重大意义，因为它第一次将人脸检测和人脸特征点定位结合起来，而利用得到的人脸特征点又可以实现人脸校正。

MTCNN 人脸识别过程如图 6-27 所示，具体包括以下三个阶段。

第一阶段，将经过尺寸调整的图片通过 CNN 快速产生候选窗口。

第二阶段，通过更复杂的 CNN 筛选候选窗口，丢弃大量的重叠窗口。

第三阶段，使用更强大的 CNN 筛选候选窗口，同时输出 5 个面部关键点。

MTCNN 人脸识别模型由三个网络组成，分别是 P-Net、R-Net、O-Net。

（1）P-Net（Proposal Network）。该网络主要用于获取人脸区域的候选窗口和边界框的回归向量，并用该边界框做回归，对候选窗口进行校准，然后通过非极大值抑制（Non-Maximum Suppression，NMS）来合并高度重叠的候选窗口。

（2）R-Net（Refine Network）。该网络也通过边界框回归和 NMS 去掉那些被误认为正确的区域。但是，该网络和 P-Net 在结构上有所不同，它多了一个能连接层，所以能取得更好的抑制作用。

（3）O-Net（Output Network）。该网络又比 R-Net 多一个卷积层，所以处理过程更加精细。它的作用和 R-Net 一样，只是对人脸区域进行更多的监督，同时输出 5 个面部关键点。

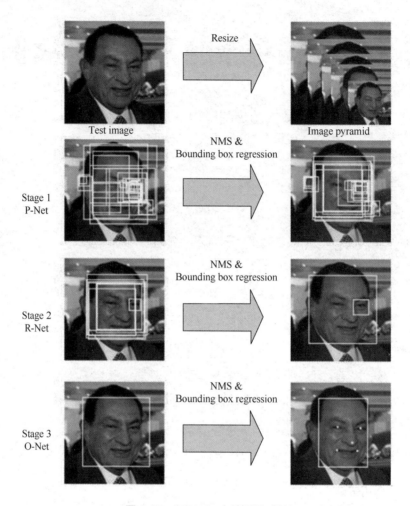

图 6-27　MTCNN 人脸识别过程

MTCNN 网络结构如图 6-28 所示。

这里对上面提到的非极大值抑制做一下解释。非极大值抑制，顾名思义，就是抑制不是极大值的元素，可以将其理解为局部最大值搜索，主要是为了更精确地定位某种特征。

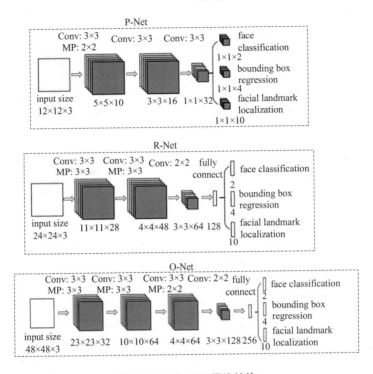

图 6-28 MTCNN 网络结构

## 6.3.2 下载并运行人脸识别程序

从 https://github.com/aittsmd/mtcnn-tensorflow 将人脸识别程序下载到本地计算机中。树莓派开发板通电运行，在本地计算机上启动 FileZilla 软件（图 6-29）。FileZilla 是一个免费开源的 FTP 传输工具，可方便地在客户端与服务器之间传输文件。

接下来，输入树莓派的相关信息，如图 6-30 所示。例如，树莓派的 IP 地址是 125.217.42.72，用户名为 pi，密码为 raspberry，端口号一般设置为 22。

注意：主机 IP 地址前面一定要加上 "sftp://"。

设置好后，单击右上角的"快速连接"按钮，就可以连接树莓派的文件系统（图 6-31）。接下来，把人脸识别程序从本地计算机传输到树莓派中。

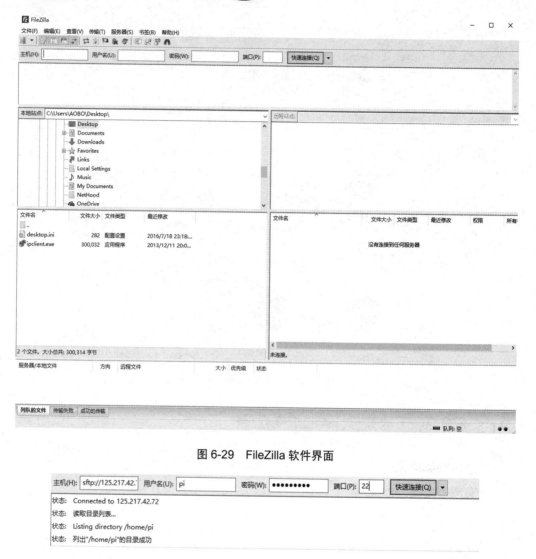

图 6-29　FileZilla 软件界面

| 主机(H): sftp://125.217.42. | 用户名(U): pi | 密码(W): ●●●●●●●●● | 端口(P): 22 | 快速连接(Q) ▾ |

状态:　Connected to 125.217.42.72
状态:　读取目录列表...
状态:　Listing directory /home/pi
状态:　列出"/home/pi"的目录成功

图 6-30　输入树莓派的相关信息

注意：端口号设置一次之后，再次连接时系统会自动识别出端口号 22。

在树莓派终端通过 cd 命令进入人脸识别代码文件夹，输入下面的命令即可执行人脸识别程序。

```
python3 程序名.py
```

图 6-31 连接树莓派的文件系统

# 第⑦章

# Keras 案例

# 7.1 Keras 简介

Keras 是一个用 Python 编写的高级神经网络 API，它能够以 TensorFlow、CNTK 或者 Theano 作为后端运行。Keras 重点支持快速模型设计，它将神经网络搭建、训练、测试的各项操作进行封装，在提升可扩展性的同时降低使用难度。Keras 封装程度高，对初学者十分友好。

Keras 支持常用的卷积神经网络和循环神经网络，以及两者的组合，可在 CPU 和 GPU 上无缝运行。

打个比方，TensorFlow 好比积木块，而 Keras 则是用若干积木块组装而成的模块。显然，用 Keras 能更快速、更简便地搭建模型。从 TensorFlow 2.0 开始，Keras 成为其默认高级 API。

TensorFlow 2.0 于 2019 年 10 月正式发布，它具有以下特点。

（1）集成了 Keras。

（2）为了在各种平台上运行，对 SavedModel 文件格式进行了标准化。

（3）针对高性能训练场景，可以使用 Distribution Strategy API 进行分布训练，并且只要修改少量代码就能获得出色的性能。

（4）在 GPU 上的性能有所提升。以 ResNet-50 和 BERT 为例，只需要几行代码，混合精度使用 Volta 和 Turing GPU，训练表现最高可以提升 3 倍。

（5）新增了 TensorFlow Datasets，为包含大量数据类型的大型数据集提供了标准接口。

（6）虽然保留了传统的基于 Session 的编程模式，但官方建议使用 Eager Execution 进行常规的 Python 开发。tf.function 装饰器可以把代码转换成能远程执行、序列化、性能优化的图。在 Autograph 的帮助下，能把常规的 Python 控制流直接转换成 TensorFlow

控制流。

（7）官方提供了 TensorFlow 1.x 升级到 TensorFlow 2.0 的迁移指南，TensorFlow 2.0 还有一个自动转换的脚本。

（8）TensorFlow 2.0 提供了易用的 API，能够灵活快速地实现新设计。模型的训练和 Serving 也被集成在基础架构中。

# 7.2 基于 Keras 的 Fashion-MNIST 案例

## 7.2.1 Fashion-MNIST 数据集简介

MNIST 数据集是一个手写数字数据集，经常被用在图像识别的入门案例中。但是，这个数据集存在一些问题，如太简单且被过度使用，非常容易获得近乎完美的分类结果，这些问题使它的实用性大打折扣。

Fashion-MNIST 数据集是作为 MNIST 数据集的直接替代者而开发出来的，它由 Zalando（一家德国的时尚科技公司）旗下的研究部门提供。它涵盖了来自 10 个服装类别的共 7 万个不同商品的正面图片。Fashion-MNIST 数据集的大小、格式，以及训练集和测试集的划分，与原始的 MNIST 数据集完全一致，可以直接用它来测试机器学习和深度学习算法性能，不需要改动任何代码。

Fashion_MNIST 数据集中的图片如图 7-1 所示。该数据集中包含的 10 个服装类别见表 7-1。

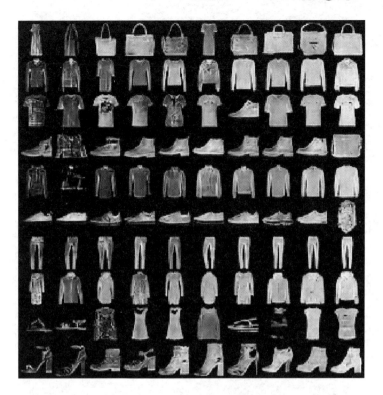

图 7-1　Fashion-MNIST 数据集中的图片

表 7-1　Fashion-MNIST 数据集中包含的 10 个服装类别

| 编号 | 描述 |
| --- | --- |
| 0 | T-shirt/top（T 恤/上衣） |
| 1 | Trouser（裤子） |
| 2 | Pullover（套头衫） |
| 3 | Dress（裙子） |
| 4 | Coat（外套） |
| 5 | Sandal（凉鞋） |
| 6 | Shirt（衬衫） |
| 7 | Sneaker（运动鞋） |
| 8 | Bag（包） |
| 9 | Ankle boot（踝靴） |

### ⊛ 7.2.2 下载和加载 Fashion-MNIST 数据集

本节主要介绍基于 Keras 的 Fashion-MNIST 案例，该案例的程序运行结果如图 7-2 所示。

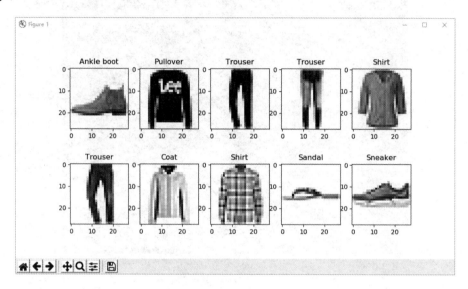

图 7-2　程序运行结果

下面详细介绍该案例的关键代码，首先是下载和加载 Fashion-MNIST 数据集的代码。

```
fashion_mnist = keras.datasets.fashion_mnist
class_names = ['T-shirt/top','Trouser','Pullover','Dress','Coat',
'Sandal','Shirt','Sneaker',
    'Bag','Ankle boot']
(train_images, train_labels), (test_images, test_labels) =
fashion_mnist.load_data()
```

class_names 列表用于存放 10 个服装类别的名称。load_data()方法用于实现 Fashion-MNIST 数据集的下载，该方法返回 4 个参数，分别为 train_images（训练集图片）、train_labels（训练集标签）、test_images（测试集图片）、test_labels（测试集标签）。

## ⑦ 7.2.3 搭建网络

搭建网络的代码如下：

```
model = keras.Sequential([
#(-1,28,28,1)->(-1,28,28,32)
keras.layers.Conv2D(input_shape=(28, 28,
1),filters=32,kernel_size=5,strides
=1,padding='same'),
#(-1,28,28,32)->(-1,14,14,32)
    keras.layers.MaxPool2D(pool_size=2,strides=2,padding='same'),
    #(-1,14,14,32)->(-1,14,14,64)
keras.layers.Conv2D(filters=64,kernel_size=3,strides=1,padding='same'),
    #(-1,14,14,64)->(-1,7,7,64)
    keras.layers.MaxPool2D(pool_size=2,strides=2,padding='same'),
    #(-1,7,7,64)->(-1,7*7*64)
    keras.layers.Flatten(),
    #(-1,7*7*64)->(-1,256)
    keras.layers.Dense(256, activation=tf.nn.relu),
    #(-1,256)->(-1,10)
    keras.layers.Dense(10, activation=tf.nn.softmax)
])
```

1. 序贯模型

keras.Sequential()方法用来生成序贯模型。序贯模型是函数式模型的简略版，通常是多个网络层的线性堆叠。Keras 实现了多个层，包括核心层、卷积层、池化层等。

创建序贯模型的方法有以下两种。

（1）将要创建的每一层传递给构造函数，从而创建一个序贯模型。例如：

```
model = Sequential([
    Dense(32, input_shape=(784,)),
    Activation('relu'),
    Dense(10),
    Activation('softmax'),
])
```

（2）通过 add()方法将各层添加到模型中。例如：

```
model = Sequential()
model.add(Dense(32, input_dim=784))
```

```
model.add(Activation('relu'))
```

2．卷积层

keras.layers.Conv2D()方法用来创建卷积层，实现二维卷积，即对图像的空域进行卷积。模型需要知道它所期待的输入的形状。出于这个原因，序贯模型中的第一层需要接收关于其输入的形状信息，后面的各个层则可以自动推导出中间数据的形状，因此不需要为每个层都指定该参数。

卷积层对二维输入进行滑动窗卷积，当使用该层作为第一层时，应提供 input_shape 参数。例如，input_shape = (128,128,3)，代表 128×128 的彩色 RGB 图像。

keras.layers.Conv2D()方法的关键参数介绍如下。

（1）input_shape：输入张量的形状。

（2）filters：卷积核的数目。

（3）kernel_size：卷积核的尺寸。

（4）strides：步长或跨度。如为单个整数，则表示在各个维度的步长相等。

（5）padding：边界补 0 策略，值为"valid"或"same"。"valid"代表只进行有效的卷积，即对边界数据不做处理。"same"代表保留边界处的卷积结果，在这种情况下，输出形状与输入形状相同。

3．最大池化层

keras.layers.MaxPool 2D()方法用于创建最大池化层，其部分参数介绍如下。

（1）pool_size：代表两个方向（竖直和水平）上的下采样因子。

（2）strides：跨度或步长。

（3）padding：边界补 0 策略，值为"valid"或"same"。

4．Flatten 层

Flatten 层用来将输入"压平"，即把多维输入转换为一维，常用于卷积层向全连接层的过渡。

5．Dense 层

Dense 层就是常用的全连接层。keras.layers.Dense()方法的常用参数介绍如下。

（1）units：指定输入形状，以对应输入数据。

（2）activation：该层使用的激活函数。

（3）use_bias：是否添加偏置量。

下面给出示例代码：

```
keras.layers.Dense(512, activation= 'sigmoid', input_dim= 2,
use_bias= True)
```

在示例代码中，定义了一个有 512 个节点、使用 sigmoid 激活函数的神经网络层。注意，512 取决于输入张量的形状。

## 7.2.4 编译、训练和评估模型

搭建完神经网络后，即可进行模型的编译、训练和评估。代码如下：

```
#对模型进行训练
lr = 0.001
epochs = 5
# 编译模型
model.compile(optimizer=tf.train.AdamOptimizer(lr),
            loss='sparse_categorical_crossentropy',
            metrics=['accuracy'])
# 拟合数据
model.fit(train_images,train_labels, epochs=epochs,
validation_data=[test_images[:1000],test_labels[:1000]])
# 评估模型
test_loss, test_acc = model.evaluate(test_images, test_labels)
```

1. 编译模型

model.compile()方法中传入了如下参数。

（1）optimizer：优化器。例如，tf.train.AdamOptimizer()表示采用 Adam 优化算法，它是一个寻找全局最优点的优化算法，并且引入了二次方梯度校正。

（2）loss：损失，可采用 crossentropy，即交叉熵。如果样本的标签采用的是 one-hot 编码，则 loss 应为 categorical_crossentropy。如果样本的标签采用的是数字编码，则 loss 应为 sparse_categorical_crossentropy。

2．训练模型

使用 model.fit()方法，用给定数据训练模型。

3．评估模型

使用 model.evaluate()方法评估模型。

# 第⑧章

# TensorFlow.js

# 8.1 初识 TensorFlow.js

TensorFlow.js 是一个基于硬件加速的开源 JavaScript 库，用于在浏览器或 Node.js 中训练和部署机器学习模型。

TensorFlow.js 有如下优点。

（1）不用安装驱动器和软件，通过链接即可分享程序。

（2）网页应用交互性强。

（3）有访问 GPS、摄像头、麦克风、加速器、陀螺仪等传感器的标准 API（主要指手机端）。

（4）安全性高，因为数据都保存在客户端。

TensorFlow.js 的官网（https://tensorflow.google.cn/js/demos）上有很多在线演示（图 8-1），读者可以通过它们在线体验 TensorFlow.js 的浏览器应用。以图 8-2 所示的"吃豆人"游戏为例，用户只要打开计算机上的摄像头，便可用 4 种不同的手势训练 AI 上下左右移动。等训练的损失值稳定下来，就表示训练结束，之后用户就可以通过手势玩游戏。

图 8-1　TensorFlow.js 在线演示

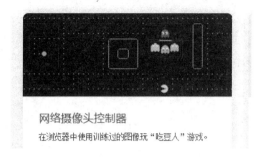

网络摄像头控制器

在浏览器中使用训练过的图像玩"吃豆人"游戏。

图 8-2 "吃豆人"游戏

## 8.1.1 TensorFlow.js 的应用方式

TensorFlow.js 有如下三种应用方式。

（1）在浏览器中开发机器学习应用。

先使用简单的 API 构建模型，然后使用低级别的 JavaScript 线性代数库或高层 API 进行训练。

（2）运行现有模型。

使用 TensorFlow.js 模型转换器在浏览器中运行已训练好的 TensorFlow 模型。

（3）重新训练现有模型。

使用连接到浏览器的传感器数据或其他客户端数据重新训练机器学习模型。

## 8.1.2 TensorFlow.js 的安装方式

在基于浏览器的项目中，TensorFlow.js 有以下两种安装方式。

（1）使用脚本标签引入。

（2）通过 NPM 安装，并且使用 Parcel、WebPack、Rollup 等构建工具。

如果使用者不熟悉 Web 开发，或者从未听说过 WebPack、Parcel 等工具，建议使用脚本标签。如果使用者经验丰富或想要编写规模较大的程序，那么使用 NPM 和构建工具更加合适。下面对第一种方式进行详细介绍。

将以下脚本标签添加到 HTML 文件中：

```
<script src="https://cdn.jsdelivr.net/npm/@tensorflow/tfjs@1.0.0/
dist/tf.min.js">
</script>
```

完整的 HTML 示例代码如下：

```
<!DOCTYPE html>
<html lang="en">
<head>
<meta charset="UTF-8">
<title>TensorFlow.js</title>
<!-- Load TensorFlow.js -->
<script src="https://cdn.jsdelivr.net/npm/@tensorflow/tfjs@1.0.0/
dist/tf.min.js"> </script>
<!-- Place your code in the script tag below. You can also use an
external .js file -->
<script>
 //定义一个线性回归模型
 const model = tf.sequential();
 model.add(tf.layers.dense({units: 1, inputShape: [1]}));
 model.compile({loss: 'meanSquaredError', optimizer: 'sgd'});
 //为训练生成一些合成数据
 const xs = tf.tensor2d([1, 2, 3, 4], [4, 1]);
 const ys = tf.tensor2d([1, 3, 5, 7], [4, 1]);
 //使用数据训练模型
 model.fit(xs, ys, {epochs: 10}).then(() => {
    //在从未出现过的数据点上使用模型进行推理
    model.predict(tf.tensor2d([5], [1, 1])).print();
    //打开浏览器开发工具查看输出
 });
 document.write("TensorFlow.js示例");
</script>
</head>
<body>
</body>
</html>
```

编辑并保存 HTML 文件，用谷歌浏览器查看文件，打开浏览器开发者工具（图 8-3），在右侧的控制台中可以看到程序运行结果（图 8-4）。

图 8-3　打开浏览器开发者工具

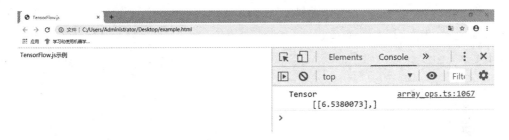

图 8-4　在控制台中查看程序运行结果

# 8.2　微信小程序

## 8.2.1　微信小程序简介

微信小程序是 JavaScript 的一个重要应用平台，在微信小程序中有许多移动设备传感器（如摄像头、麦克风等）API。为此，TensorFlow.js 提供了一个微信小程序插件 Tensor FlowJS。

本节将结合 TensorFlowJS，利用 PoseNet 模型制作一个简单的人体姿态识别小程序（图 8-5）。

图 8-5　人体姿态识别

## 8.2.2　注册

首先在微信小程序官网（https://mp.weixin.qq.com/cgi-bin/wx）进行注册。注册好之后进入微信公众平台的小程序页面，在左侧找到"开发"，打开后找到"开发设置"标签页，其中有"AppID（小程序 ID）"，在后面的开发过程中会用到这个 AppID，如图 8-6 所示。

图 8-6　查看 AppID

## 8.2.3　下载并安装微信开发者工具

打开微信官方文档的小程序页面，在"工具"标签页中下载微信开发者工具。这里下载的是 Windows 64 位稳定版（图 8-7）。下载后运行安装程序，安装过程比较简单，按照安装向导的提示一步步进行即可，如图 8-8～图 8-11 所示。

图 8-7　下载微信开发者工具

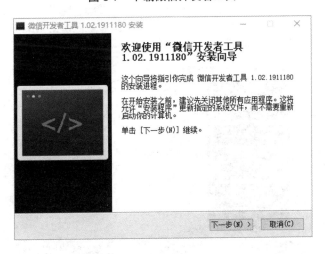

图 8-8　微信开发者工具安装向导 1

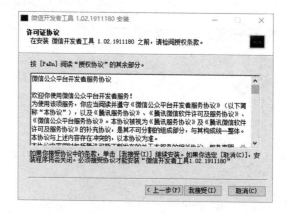

图 8-9　微信开发者工具安装向导 2

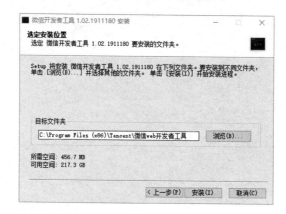

图 8-10　微信开发者工具安装向导 3

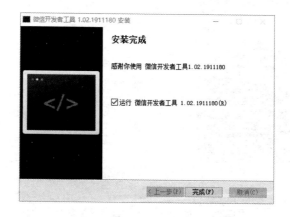

图 8-11　微信开发者工具安装向导 4

安装结束后运行微信开发者工具，弹出图 8-12 所示的授权二维码，用微信扫一下，授权登录，进入微信开发者工具界面。

图 8-12　授权二维码

### ⊗ 8.2.4　新建微信小程序

如图 8-13 所示，单击微信开发者工具界面左侧的"小程序"，然后单击右侧带加号的图片，接着在图 8-14 所示的界面中设置项目名称、存放目录和小程序的 AppID，新建小程序项目。如果不记得 AppID，可按照 8.2.2 节中的方法在微信公众平台中查看。新建完成的界面如图 8-15 所示。

下面介绍小程序目录结构。小程序包括主体部分和页面部分。

小程序主体部分由 3 个文件组成，必须放在项目的根目录 miniprogram 中，它们分别是 app.js（小程序逻辑）、app.json（小程序公共配置）、app.wxss（小程序公共样式表）。

小程序页面部分由 4 个文件组成，分别是.js 文件（页面逻辑）、.wxml 文件（页面结构）、.json 文件（页面配置）、.wxss 文件（页面样式表）。

图 8-13　微信开发者工具界面

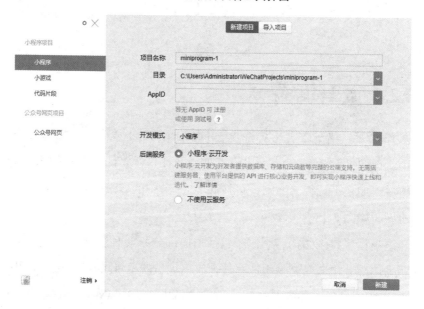

图 8-14　新建小程序项目

图 8-15　新建完成的界面

## ⊙ 8.2.5　修改小程序配置

单击微信开发者工具界面右上角的双箭头按钮，选择"详情"选项，如图 8-16 所示。在图 8-17 所示的界面中选择最新版的调试基础库。

图 8-16　选择"详情"选项

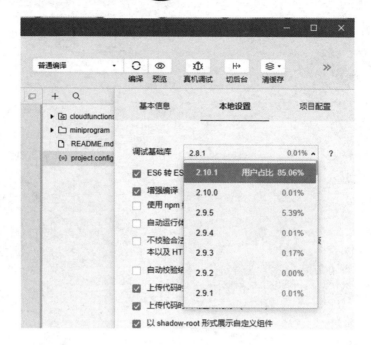

图 8-17　选择调试基础库

# 8.3　在微信小程序中使用 TensorFlowJS

### 8.3.1　添加插件

在微信公众平台的小程序页面中选择"设置"→"第三方设置"，往下找到"插件管理"区域（图 8-18），单击"添加插件"按钮。在弹出的对话框中选中"TensorFlowJS"，单击"添加"按钮，如图 8-19 所示。TensorFlowJS 添加成功后会弹出图 8-20 所示的对话框。

图 8-18 "插件管理"区域

图 8-19 添加所需的插件

图 8-20 成功添加插件

成功添加 TensorFlowJS 之后，在"插件管理"区域即可看到 TensorFlowJS（图 8-21）。单击其右侧的"详情"，便可查看 TensorFlowJS 的开发文档，如图 8-22 所示。

图 8-21　查看已添加的插件

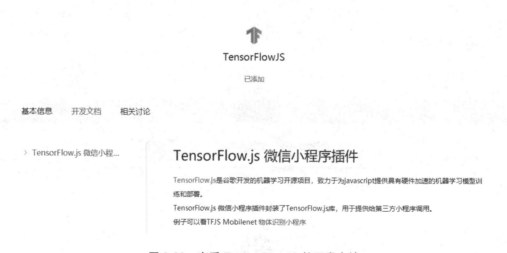

图 8-22　查看 TensorFlowJS 的开发文档

## 8.3.2　声明插件

使用插件前，必须在小程序的 app.json 文件中声明该插件，例如：

```
{
  ...
  "plugins": {
    "tfjsPlugin": {
      "version": "0.0.6",
```

```
            "provider": "wx6afed118d9e81df9"
        }
    }
    ...
    }
```

注意，"plugins"前面一个元素的末尾必须加上英文逗号，否则会报错。相关示例如图 8-23 所示。

```
25 │   "style": "v2",
26 │   "plugins": {
27 │     "tfjsPlugin": {
28 │       "version": "0.0.6",
29 │       "provider": "wx6afed118d9e81df9"
30 │     }
31 │   }
```

图 8-23　在 app.json 文件中声明插件

保存文件之后，在微信开发者工具的控制台中会给出版本提示信息，如图 8-24 所示。建议按照提示改成最新版本的 TensorFlowJS。

图 8-24　版本提示信息

### ⊙ 8.3.3　安装 Node.js

从官网（http://nodejs.cn/download/）下载 Node.js 的安装程序，这里下载的是 Windows 64 位 MSI 安装包。下载后双击即可打开安装界面（图 8-25），按照提示进行安装即可。安装完成后的提示界面如图 8-26 所示。

可以在 Windows 命令行窗口中输入"node --version"或"npm --version"命令查看安装版本，如果像图 8-27 一样显示版本信息，则说明安装成功。

图 8-25　Node.js 安装界面

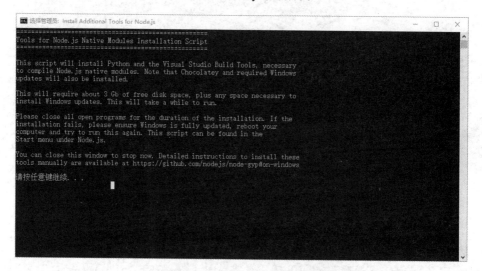

图 8-26　安装完成后的提示界面

图 8-27　查看安装版本

### ⊙ 8.3.4　安装依赖包

**1．初始化 npm**

npm 是随同 Node.js 一起安装的包管理工具，它能解决 Node.js 代码部署方面的很多问题。打开 Windows 命令行窗口，用 cd 命令切换到小程序项目的文件夹，例如：

```
cd C:\Users\Administrator\WeChatProjects\miniprogram-1\miniprogram
```

输入"npm init"命令，对 npm 进行初始化，如图 8-28 所示。

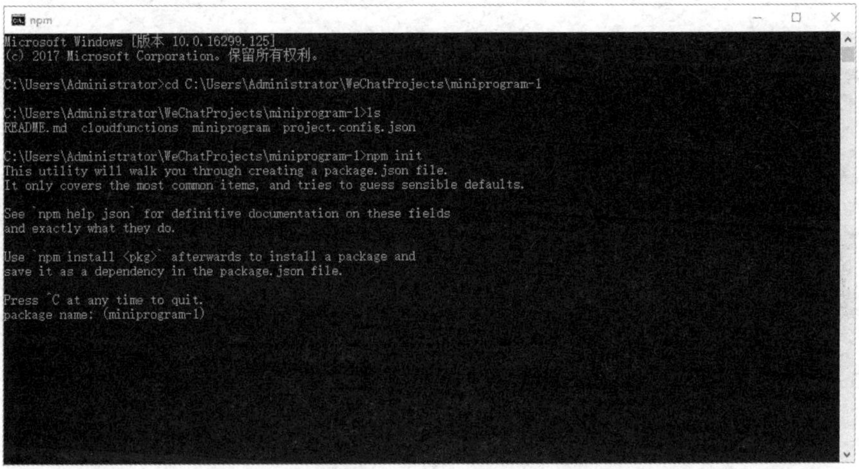

图 8-28　初始化 npm

npm 初始化完成后，会在小程序根目录下生成 package.json 文件，如图 8-29 所示。

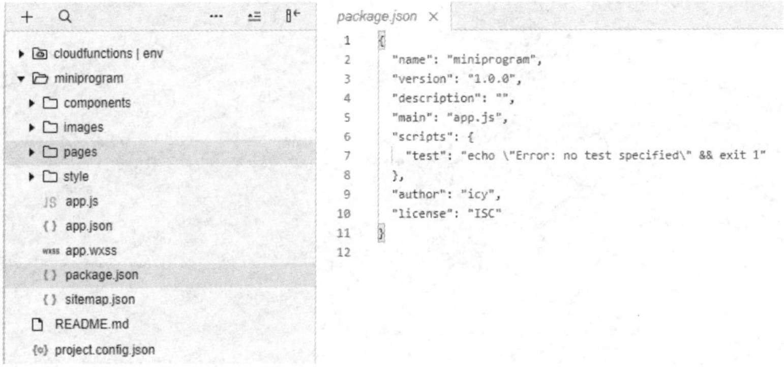

图 8-29　package.json 文件

这里要注意区分小程序根目录和项目根目录。小程序根目录为 project.config.json 文件中 miniprogramRoot 字段指定的路径，它与项目根目录是两个不同的位置。

2．安装 tfjs-core 包和 tfjs-converter 包

考虑到用途和小程序大小的限制，目前只用到两个 tfjs 包，一个是 tfjs-core 包（基础核心包），另一个是 tfjs-converter 包（GraphModel 导入和执行包）。

分别在命令行窗口中输入下面两个命令，完成这两个包的安装，如图 8-30 所示。

```
npm install @tensorflow/tfjs-core
npm install @tensorflow/tfjs-converter
```

```
C:\Users\Administrator\WeChatProjects\miniprogram-1\miniprogram>npm install @tensorflow/tfjs-core
npm notice    created a lockfile as package-lock.json. You should commit this file.
npm WARN miniprogram@1.0.0 No description
npm WARN miniprogram@1.0.0 No repository field.

+ @tensorflow/tfjs-core@1.5.1
added 7 packages from 7 contributors and audited 7 packages in 11.488s
found 0 vulnerabilities

C:\Users\Administrator\WeChatProjects\miniprogram-1\miniprogram>npm install @tensorflow/tfjs-converter
npm WARN miniprogram@1.0.0 No description
npm WARN miniprogram@1.0.0 No repository field.

+ @tensorflow/tfjs-converter@1.5.1
added 1 package and audited 8 packages in 3.31s
found 0 vulnerabilities
```

图 8-30　安装 tfjs-core 包和 tfjs-converter 包

3．安装 fetch-wechat 包

回到微信公众平台的小程序页面，依次选择"设置"→"第三方设置"在"插件管理"区域找到"TensorFlowJS"，单击其右侧的"详情"，查看开发文档（图 8-31）。

| 插件管理 | | | 添加插件 |
|---|---|---|---|
| 插件 | | 申请时间 | 操作 |
| TensorFlowJS | 已通过 | 2020-1-27 18:01 | 详情 删除 |

图 8-31　"插件管理"区域

在开发文档中找到 fetch 函数。提示：如果需要使用 tf.loadGraphModel 或 tf.loadLayersModel API 来载入模型，则需要按图 8-32 所示填充 fetch 函数。

从图 8-32 中可以看到，在 dependencies 中，除已经安装好的 tfjs-core 包和 tfjs-converter 包之外，还有一个 fetch-wechat 包。如果使用 npm，可以载入 fetch-wechat npm 包。

```
{
    "name": "yourProject",
    "version": "0.0.1",
    "main": "dist/index.js",
    "license": "Apache-2.0",
    "dependencies": {
        "@tensorflow/tfjs-core": "1.2.7",
        "@tensorflow/tfjs-converter": "1.2.7",
        "fetch-wechat": "0.0.3"
    }
}
```

图 8-32　填充 fetch 函数

在 Windows 命令行窗口中切换到当前小程序项目根目录，输入下面的命令，安装 fetch-wechat 包，如图 8-33 所示。

```
npm install fetch-wechat
```

```
C:\Users\Administrator>cd C:\Users\Administrator\WeChatProjects\miniprogram-1\miniprogram

C:\Users\Administrator\WeChatProjects\miniprogram-1\miniprogram>npm install fetch-wechat
npm WARN miniprogram@1.0.0 No description
npm WARN miniprogram@1.0.0 No repository field.

+ fetch-wechat@0.0.3
added 1 package and audited 9 packages in 2.661s
found 0 vulnerabilities
```

图 8-33　安装 fetch-wechat 包

安装好以上三个包后，package.json 文件内容将发生变化，在 dependencies 中会显示已安装的三个包及其版本号（图 8-34）。

```
package.json  ×
1   {
2     "name": "miniprogram",
3     "version": "1.0.0",
4     "description": "",
5     "main": "app.js",
6     "scripts": {
7       "test": "echo \"Error: no test specified\" && exit 1"
8     },
9     "author": "icy",
10    "license": "ISC",
11    "dependencies": {
12      "@tensorflow/tfjs-converter": "^1.5.1",
13      "@tensorflow/tfjs-core": "^1.5.1",
14      "fetch-wechat": "0.0.3"
15    }
16  }
```

图 8-34　package.json 文件内容

打开微信开发者工具，选择"工具"、"构建 npm"菜单命令，如图 8-35 所示。构建过程中如果弹出图 8-36 所示的提示对话框，忽略掉即可。

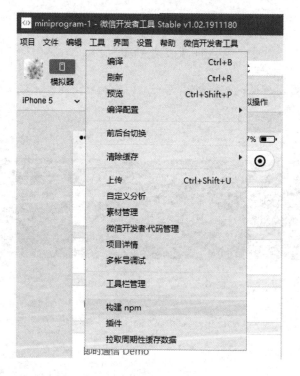

图 8-35　选择"构建 npm"菜单命令

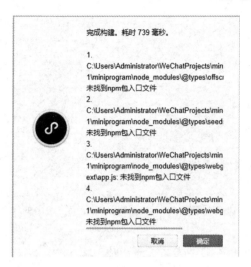

图 8-36　提示对话框

构建完 npm，就可以在项目目录中看到已安装的包（图 8-37）。以后每次安装新的包，都要重新构建 npm，否则程序无法识别这些包。

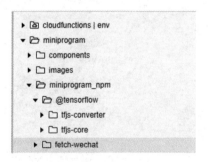

图 8-37　已安装的包

## ⊙ 8.3.5　测试 TensorFlowJS

小程序在创建时自带程序模板，可以把程序模板中不需要的代码删掉。首先在 app.js 文件中把 onLaunch: function()方法中的代码全部删掉，如图 8-38 所示。

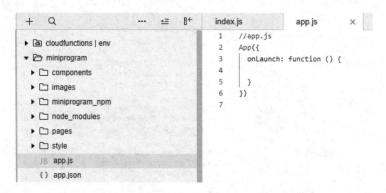

图 8-38　删掉 onLaunch: function ()方法中的代码

接下来，在 pages\index 文件夹中，将 index.js 文件中除 onload:funciton()之外的其他代码全部删掉（图 8-39）。

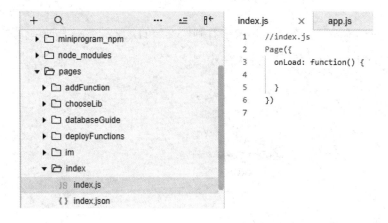

图 8-39　删除 index.js 文件中的代码

将 pages 文件夹中除 index 文件夹之外的其他文件夹都删掉，然后把 app.json 文件中 pages 里面相应的内容删掉，最后将 pages 文件夹中 index.wxml 文件中无关的标签全部删掉。保存之后，这个项目就变成了一个空项目，如图 8-40 所示。

在微信公众平台的小程序页面中找到 TensorFlowJS 的开发文档，给 app.js 文件添加如下代码。

```
var fetchWechat = require('fetch-wechat');
var tf = require('@tensorflow/tfjs-core');
```

```
var plugin = requirePlugin('tfjsPlugin');
//app.js
App({
  onLaunch: function () {
    plugin.configPlugin({
      // polyfill fetch function
      fetchFunc: fetchWechat.fetchFunc(),
      // inject tfjs runtime
      tf,
      // provide webgl canvas
      canvas: wx.createOffscreenCanvas()
    });
  }
})
```

图 8-40    空项目

添加代码后的 app.js 文件如图 8-41 所示。

图 8-41　添加代码后的 app.js 文件

　　下面进行测试，在 App 加载的 onLaunch()方法末尾添加一行 TensorFlowJS 张量打印代码，如图 8-42 所示。

　　保存并运行代码，在控制台中可以看到代码运行结果（图 8-43），这说明插件添加和配置成功。

```
app.js              ×
1    var fetchWechat = require('fetch-wechat');
2    var tf = require('@tensorflow/tfjs-core');
3    var plugin = requirePlugin('tfjsPlugin');
4    //app.js
5    App({
6      onLaunch: function () {
7        plugin.configPlugin({
8          // polyfill fetch function
9          fetchFunc: fetchWechat.fetchFunc(),
10          // inject tfjs runtime
11          tf,
12          // provide webgl canvas
13          canvas: wx.createOffscreenCanvas()
14        });
15        tf.tensor([1,2,3,4]).print()
16      }
17    })
```

图 8-42　添加一行代码

图 8-43 代码运行结果

# 8.4 使用 PoseNet 模型

## 8.4.1 安装 PoseNet 模型

TensorFlow 中文官网（https://tensorflow.google.cn/js）中有许多示例教程。在官网中选择"学习"→"针对 JavaScript"，即可看到与 TensorFlow.js 有关的教程、模型和演示。其中，模型包括图像分类（MobileNet）、对象检测（Coco SSD）、身体分割（BodyPix）、姿态估计（PoseNet）、文本恶意检测（Toxicity）、句子编码（Universal Sentence Encoder）、语音指令识别、KNN 分类器等。

选择图 8-44 所示的 PoseNet 模型，即可跳转到 GitHub 网站查看代码。在 GitHub 网站中还提供了模型安装方法，如图 8-45 所示。

图 8-44 选择 PoseNet 模型

本书中使用 npm 命令安装 PoseNet 模型。打开 Windows 命令行窗口，输入以下命令，进入小程序目录。

### Installation

You can use this as standalone es5 bundle like this:

```
<script src="https://cdn.jsdelivr.net/npm/@tensorflow/tfjs"></script>
<script src="https://cdn.jsdelivr.net/npm/@tensorflow-models/posenet"></script>
```

Or you can install it via npm for use in a TypeScript / ES6 project.

```
npm install @tensorflow-models/posenet
```

图 8-45　PoseNet 模型安装方法

```
cd C:\Users\Administrator\WeChatProjects\miniprogram-1\miniprogram
```

输入以下安装命令，安装 PoseNet 模型，如图 8-46 所示。

```
npm install @tensorflow-models/posenet
```

```
C:\Users\Administrator>cd C:\Users\Administrator\WeChatProjects\miniprogram-1\miniprogram

C:\Users\Administrator\WeChatProjects\miniprogram-1\miniprogram>npm install @tensorflow-models/posenet
npm WARN miniprogram@1.0.0 No description
npm WARN miniprogram@1.0.0 No repository field.

+ @tensorflow-models/posenet@2.2.1
added 1 package and audited 10 packages in 6.772s
found 0 vulnerabilities


C:\Users\Administrator\WeChatProjects\miniprogram-1\miniprogram>
```

图 8-46　安装 PoseNet 模型

因为安装了新的 npm 包，所以要回到微信开发者工具，重新构建 npm。具体方法是打开 pages\index\index.js 文件，在开头位置添加下面的代码。

```
const posenet = require("@tensorflow-models/posenet")
```

因为模型比较大，所以加载时间比较长，需要安装一个异步操作的库来解决这个问题。回到命令行窗口，输入以下命令，安装 regenerator 的相关子库，如图 8-47 所示。

```
npm install regenerator-runtime
```

```
C:\Users\Administrator\WeChatProjects\miniprogram-1\miniprogram>npm install regenerator-runtime
npm WARN miniprogram@1.0.0 No description
npm WARN miniprogram@1.0.0 No repository field.

+ regenerator-runtime@0.13.3
added 1 package from 1 contributor and audited 11 packages in 5.07s
found 0 vulnerabilities
```

图 8-47　安装 regenerator 的相关子库

接下来修改配置，单击微信开发者工具界面右上角的"详情"按钮。取消选中"ES6转 ES5"选项，如图 8-48 所示。

图 8-48　取消选中"ES6 转 ES5"选项

## 8.4.2　编写程序

1. 给页面添加摄像头和画布元素

在目录 pages\index 中双击打开 index.wxml 文件，该文件描述了 index 页面的结构。使用如下代码添加 camera 元素，同时在 camera 元素的开始标签和结束标签之间添加 canvas 元素。

```
<!--index.wxml-->
<view class="container">
<camera
device-position="back"
flash="off"
binderror="error"
style="width:100%;height:100%"
>
<canvas canvas-id="pose" style="width:100%;height:100%">
</canvas>
</camera>
</view>
```

其中，device-position="back"代表使用后置摄像头。如果使用前置摄像头，则需要改成 device-position="front"。

修改 index.wxss 文件，具体如下。

```
/**index.wxss**/
page {
height: 100%
}
```

修改 app.wxss 文件，具体如下。

```
/**app.wxss**/
.container {
display: flex;
flex-direction: column;
align-items: center;
box-sizing: border-box;
height: 100%;
justify-content: space-between;
padding: 0;
}
```

保存所有文件后即可预览，如图 8-49 所示。

图 8-49　预览效果

2．监听摄像头

打开 page\index.js 文件，其中有默认页面的逻辑代码。首先，定义模型路径并引入各种库。

```
    const POSENET_URL
='https://www.gstaticcnapps.cn/tfjs-models/savedmodel/posenet/mobilenet/
float/050/model-stride16.json'
    const posenet = require("@tensorflow-models/posenet")
    const tf = require("@tensorflow/tfjs-core")
    const regeneratorRuntime = require("regenerator-runtime")
```

接下来，将 Page 的 onLoad()方法修改为 async onReady()方法。async 代表这是一个异步方法。在这里添加摄像头和画布的代码。

```
    //index.js
    Page({
    async onReady() {
    //创建camera对象
    const camera = wx.createCameraContext(this)
    //创建canvas对象
    //第一个参数为canvas的id，要与index.wxml中一致
    this.canvas = wx.createCanvasContext("pose", this)
    //加载PoseNet模型
    this.loadPosenet()
    let count = 0
    //摄像头画面刷新时会调用监听方法
    const listener = camera.onCameraFrame((frame)=>{
    count++
    //每隔10帧输出画面
    if (count===10) {
    //姿态识别相关代码
    //如果模型不为空，则调用绘制姿态的方法
    if (this.net){
    this.drawPose(frame)
    }
    count = 0
    }
    })
    //启动监听
    listener.start()
    }
```

**3. 配置服务器域名**

编译程序时，会提示域名不合法，如图 8-50 所示。这时需要配置服务器域名。

图 8-50　提示域名不合法

回到微信公众平台的小程序页面，依次选择"开发"→"开发设置"，在"服务器域名"区域单击"开始配置"按钮（图 8-51），弹出图 8-52 所示的二维码，用微信扫描该二维码，然后在图 8-53 所示的窗口中添加 request 合法域名，保存并提交后的服务器域名如图 8-54 所示。

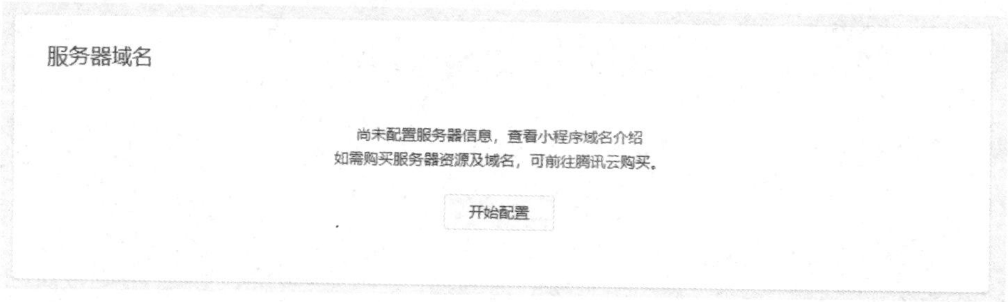

服务器域名

尚未配置服务器信息，查看小程序域名介绍

如需购买服务器资源及域名，可前往腾讯云购买。

开始配置

图 8-51　单击"开始配置"按钮

配置服务器信息　　　　　　　　　　　　　　　　　　　　　　　　　×

① 身份确认 —— ② 配置服务器信息

请使用微信扫码

图 8-52　弹出二维码

配置服务器信息 ✕

① 身份确认 —— ② 配置服务器信息

服务器域名需经过ICP备案，新备案域名需24小时后才可配置。域名格式只支持英文大小写字母、数字及"-"，不支持IP地址。如果没有服务器与域名，可前往腾讯云购买。

request合法域名　`https:// www.gstaticcnapps.cn`　⊕

socket合法域名　`wss://`　⊕

uploadFile合法域名　`https://`　⊕

downloadFile合法域名　`https://`　⊕

udp合法域名　`udp://`　⊕

保存并提交　取消

**图 8-53　添加 request 合法域名**

服务器域名

| 服务器配置 | | 说明 | 操作 |
|---|---|---|---|
| request合法域名 | https://www.gstaticcnapps.cn | | |
| socket合法域名 | | | |
| uploadFile合法域名 | | 一个月内可申请5次修改<br>本月还可修改4次 | 修改 |
| downloadFile合法域名 | | | |
| udp合法域名 | | | |

**图 8-54　保存并提交后的服务器域名**

注意认真填写域名，微信小程序限制一个月内申请修改次数为 5 次。

打开微信开发者工具，根据控制台中的提示（图 8-55），在图 8-56 所示的界面中刷新项目配置。

图 8-55　控制台中的提示

图 8-56　刷新项目配置

重新编译程序后，控制台中的错误提示就会消失。

4．加载 PoseNet 模型

在微信公众平台的小程序页面中查看 TensorFlowJS 的开发文档，其中给出了加载 PoseNet 模型的示例代码（图 8-57）。

```
import * as posenet from '@tensorflow-models/posenet';

const POSENET_URL =
    'https://www.gstaticcnapps.cn/tfjs-models/savedmodel/posenet/mobilenet/float/050/model

const model = await posenet.load({
  architecture: 'MobileNetV1',
  outputStride: 16,
  inputResolution: 193,
  multiplier: 0.5,
  modelUrl: POSENET_URL
});
```

图 8-57　加载 PoseNet 模型的示例代码

代码中的 architecture 表示模型架构，outputStride 是 CNN 中的一个参数，inputResolution 表示输入图像的分辨率，multiplier 表示倍数。

在使用 TensorFlowJS 模型时需要注意，由于这些 API 默认模型文件都存储在谷歌云上，因此中国用户无法直接读取。在小程序内使用模型 API 时要提供 modelUrl，可以指向谷歌在中国的镜像服务器。

谷歌云的 Base URL 是 https://storage.googleapis.com。

中国镜像的 Base URL 是 https://www.gstaticcnapps.cn。

（1）PoseNet 模型的谷歌云地址是 https://storage.googleapis.com/tfjs-models/savedmodel/posenet/mobilenet/float/050/model-stride16.json。

（2）中国镜像的地址是 https://www.gstaticcnapps.cn/tfjs-models/savedmodel/posenet/mobilenet/float/050/model-stride16.json。它们的 URL Path 都是/tfjs-models/savedmodel/posenet/mobilenet/float/050/model-stride16.json。

要加载模型，需要在 index.js 中添加如下代码。

```
async loadPosenet(){
this.net = await posenet.load({
architecture: 'MobileNetV1',
outputStride: 16,
inputResolution: 193,
multiplier: 0.5,
modelUrl: POSENET_URL
})
console.log(this.net)
}
```

5．姿态检测代码

```
//姿态检测方法
async detectPose(frame,net){
//创建图像对象
const imgData = {data: new
Uint8Array(frame.data),width:frame.width,height:frame.height}
const imgSlice = tf.tidy(()=>{
const imgTensor = tf.browser.fromPixels(imgData, 4)
//通过切片，去掉Alpha通道（透明度通道）
return imgTensor.slice([0, 0, 0], [-1, -1, 3])
})
//姿态估计
const pose = await
```

```
net.estimateSinglePose(imgSlice,{flipHorizontal:false})
     //释放张量，节约内存
     imgSlice.dispose()
     return pose
     }
```

6. 绘制姿态的代码

```
     async drawPose(frame){
     const pose = await this.detectPose(frame,this.net)
     if(pose == null || this.canvas == null) return
     if( pose.score >= 0.3){
     //draw circle
     console.log(pose.keypoints)
     for (var i = 0; i < 17; i++){
     //console.log(pose.keypoints[i])
     const point = pose.keypoints[i]
     if(point.score >= 0.5){
     const {y,x} = point.position
     this.drawCircle(this.canvas,x,y)
     }
     }
     //drawline
     const adjacentKeyPoints =
posenet.getAdjacentKeyPoints(pose.keypoints,0.5)
     console.log(adjacentKeyPoints)
     for (i in adjacentKeyPoints){
     console.log(i)
     const points = adjacentKeyPoints[i]
     console.log(points)
     this.drawLine(this.canvas,points[0],points[1])
     }
     this.canvas.draw()
     }
     },
     //在关键点画圆圈
     drawCircle(canvas,x,y){
     canvas.beginPath()
     canvas.arc(x * 0.72 ,y * 0.72 ,3,0,2*Math.PI)
     canvas.fillStyle = 'aqua'
     canvas.fill()
     },
```

```
//关键点连线
drawLine(canvas,pos0,pos1){
canvas.beginPath()
canvas.moveTo(pos0.position.x * 0.72,pos0.position.y *0.72)
canvas.lineTo(pos1.position.x * 0.72, pos1.position.y* 0.72)
//canvas.lineTo(pos1.x * 0.72, pos1.y * 0.72)
canvas.lineWidth = 2
canvas.strokeStyle = 'aqua'
canvas.stroke()
}
})
```

7. 预览

完成以上工作后，可以在微信开发者工具的模拟器中预览效果；也可以在菜单栏中选择"工具"→"预览"命令，在微信上预览效果。

# 反侵权盗版声明

电子工业出版社依法对本作品享有专有出版权。任何未经权利人书面许可，复制、销售或通过信息网络传播本作品的行为；歪曲、篡改、剽窃本作品的行为，均违反《中华人民共和国著作权法》，其行为人应承担相应的民事责任和行政责任，构成犯罪的，将被依法追究刑事责任。

为了维护市场秩序，保护权利人的合法权益，我社将依法查处和打击侵权盗版的单位和个人。欢迎社会各界人士积极举报侵权盗版行为，本社将奖励举报有功人员，并保证举报人的信息不被泄露。

举报电话：（010）88254396；（010）88258888

传　　真：（010）88254397

E-mail：　dbqq@phei.com.cn

通信地址：北京市万寿路 173 信箱

　　　　　电子工业出版社总编办公室

邮　　编：100036